U0183149

深度学习项目化教程

主　编　许高明　陈　益　吴文波
副主编　陈公兴　彭　霞　冯阳明　章联军

ZHEJIANG UNIVERSITY PRESS
浙江大学出版社
·杭州·

图书在版编目（CIP）数据

深度学习项目化教程 / 许高明，陈益，吴文波主编；
陈公兴等副主编. —杭州：浙江大学出版社，2023.6（2024.2 重印）
ISBN 978-7-308-23794-9

Ⅰ.①深… Ⅱ.①许… ②陈… ③吴… ④陈… Ⅲ.
①机器学习—教材 Ⅳ.①TP181

中国国家版本馆 CIP 数据核字（2023）第 086667 号

深度学习项目化教程

主　　编　许高明　陈　益　吴文波
副主编　陈公兴　彭　霞　冯阳明　章联军

责任编辑	金佩雯
责任校对	张凌静
封面设计	黄晓意
出版发行	浙江大学出版社
	（杭州市天目山路 148 号　邮政编码 310007）
	（网址：http://www.zjupress.com）
排　　版	杭州青翊图文设计有限公司
印　　刷	杭州高腾印务有限公司
开　　本	787mm×1092mm　1/16
印　　张	19
字　　数	486 千
版印次	2023 年 6 月第 1 版　2024 年 2 月第 2 次印刷
书　　号	ISBN 978-7-308-23794-9
定　　价	95.00 元

版权所有　侵权必究　印装差错　负责调换

浙江大学出版社市场运营中心联系方式：0571-88925591；http://zjdxcbs.tmall.com

前　　言

当前 ChatGPT 的应用热情被点燃，应用场景不断快速扩展，ChatGPT 被认为是继互联网、智能手机之后，带给人类的第三次革命性产品。ChatGPT 的核心技术其实就是深度学习。深度学习作为机器学习的分支，其核心思想是通过构建多层神经网络模拟人类大脑的思维过程，从而解决各种实际问题。

深度学习的发展始于反向传播算法的提出，这使得训练多层神经网络成为可能。同时，随着硬件性能的提升和数据的爆发性增长，深度学习在图像识别、语音识别、自然语言处理、机器人控制等领域取得了显著的成果。不仅如此，深度学习还被广泛应用于推荐系统、金融风控、医学诊断等领域。

深度学习框架是专门为深度学习领域开发的一套独立的体系结构，它不仅具有高内聚、严规范、可扩展、可维护、高通用的特点，而且还拥有统一的代码风格、模板化的结构，能大大减少重复代码的编写。随着深度学习的发展，越来越多的深度学习框架会被开发出来。

深度学习项目化教程包含理论和实践两个方面。实践是检验真理的唯一标准，因此本书以项目化实训为主，通过丰富的实训案例向读者介绍深度学习可应用和落地的项目。此外，本书还加入了与真实项目匹配的理论知识作为补充阅读材料，更进一步增强读者的专业基础。

全书共分为三篇，每篇下设置多个项目，通过不同项目的训练，让读者掌握不同背景及需求下的深度学习智能分析方法。与此同时，每个项目下设置多个任务，可以让读者更加深入地学习和掌握此类项目的智能分析过程及手段，以达到巩固与进阶的目的。

本书的第一篇是智能分析基础篇，主要介绍了人工智能的基本概念、项目运行环境以及图像识别典型的项目案例；第二篇是智能分析深度篇，主要介绍了 TensorFlow、PyTorch、Keras 等深度学习框架，让读者对深度学习模型架构形成基本概念，掌握典型深度学习架构；第三篇是智能分析实验篇（进阶篇），详细讲解了深度学习应用于火焰识别、人脸检测、人脸比对、移动检测、摔倒识别和头盔识别的操作流程。本书通过这些典型的深度学习模型，以项目任务的形式，让读者深入掌握深度学习建模分析方法，训练读者的实践能力。

本书由浅入深，从理论到实践，逐层进阶，适合深度学习的初学者和进阶者使用，可以作为相关专业本科生和研究生的实验和实践类教材。

编　者

目　录

1　智能分析基础篇

2　智能分析深度篇

3　智能分析实验篇

1 智能分析基础篇

项目一　人工智能概念认知

项目描述

本项目详细讲解了人工智能的概念,按照时间线分析人工智能发展史,以案例的方式分析人工智能应用领域,并且详细讲解了人工智能开发的基础环境搭建,以及"开发神器"PyCharm 和"库包管家"Anaconda 的安装过程。下面让我们一起走进人工智能的世界。

知识目标

- 描述人工智能的含义。
- 介绍人工智能的发展。
- 介绍人工智能案例特点。
- 说明计算机视觉的作用。

技能目标

- 掌握 PyCharm 软件的安装配置方法。
- 掌握 Anaconda 软件的安装配置方法。

相关知识

一、人工智能

人工智能(artificial intelligence,AI)是研究与开发用于模拟、延伸和扩展人的智能的理论、方法、技术及应用系统的一门新的技术科学。简单地说,人工智能能够让机器变得和人类一样聪明(图 1-1-1)。

图 1-1-1　人工智能概念图

　　人工智能是计算机科学的一个分支,它意图去探索智能的实质,并生产出能以与人类智能相似的方式做出反应的一种新的智能机器。该领域的研究包括机器人、语言识别、图像识别、自然语言处理和专家系统等(图 1-1-2)。

图 1-1-2　人工智能领域研究

　　人工智能自诞生以来,其理论和技术日益成熟,应用领域也不断拓宽。可以设想,未来人工智能带来的科技产品,将会是人类智慧的"容器"。人工智能可以对人的意识、思维的信息过程进行模拟。人工智能不是人的智能,但能像人那样思考,也可能超过人的智能。人工智能是一门极富挑战性的科学,从事这项工作的人必须懂得计算机、心理学和哲学知识。人工智能涉及领域十分广泛,如机器学习、计算机视觉等。总的来说,人工智能研究的一个主要目标是使机器能够胜任一些通常需要人类智能才能完成的复杂工作(图1-1-3)。

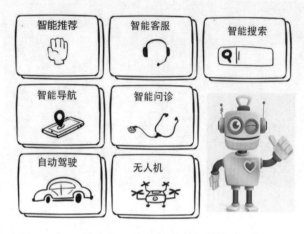

图 1-1-3　人工智能应用领域

二、人工智能发展历程

人工智能的发展历程已有 60 多年,下面就让我们坐上时光机,回顾一下它的诞生与成长(图 1-1-4)。

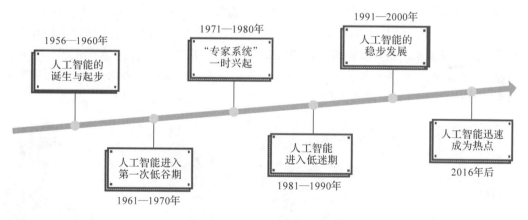

图 1-1-4　人工智能发展历程

1956—1960 年是人工智能的诞生与起步发展期。1956 年 8 月,约翰·麦卡锡、马文·明斯基、克劳德·香农、艾伦·纽厄尔、赫伯特·西蒙等科学家会聚在美国达特茅斯学院,讨论用机器来模仿人类学习以及其他方面的智能。两个月时间的讨论虽然没有达成共识,但是为会议内容起了一个名字:人工智能(图 1-1-5)。这一年就此成为人工智能元年。

1961—1970 年,由于人工智能在机器翻译方面并未取得好的效果,再加上一些算法模型的可解释性在理论方面缺乏证明,人工智能进入第一次低谷期。

图 1-1-5　人工智能会议

1971—1980 年,"专家系统"一时兴起,人工智能有过短暂的应用发展(图 1-1-6)。

1981—1990 年,专家系统在人工神经网络方面的研究进展受阻,开发维护成本过高,最终未能达到实验期望,人工智能又进入一个低迷期。

1991—2000 年,互联网技术的发展,加上计算机性能的提升,开启了人工智能的稳步发展。

2016 年后,移动互联网和大数据的发展,加上深度学习在 IBM(International Business Machines Corporation,国际商业机器公司)的"深蓝"和 Google(谷歌)的"AlphaGo"上的成功应用(图 1-1-7),让机器拥有了自主学习和创新能力,人工智能迅速成为学术界和工业界的热点。市场上相继出现各种人工智能的应用,有的安装在电器上,为人类提供智能化的帮助,例如语音助手、服务机器人、智能搜索、自动驾驶等。相信在不久的将来,人工智能会给我们的生产、生活带来更多的便利。

图 1-1-6　专家系统

图 1-1-7　AlphaGo 对战李世石

三、人工智能案例分析

自动驾驶是指通过使用大量传感器获取车辆周边的行驶数据,模仿人驾驶车辆如何处理交通情况,从而实时决策车辆正常前行,让驾驶人从烦琐的驾驶操作中抽离出来(图 1-1-

8)。各大车企纷纷转型,深入新能源汽车和自动驾驶领域。地区政策的开放,为行业发展和技术创新营造出良好的生长环境,相信未来的自动驾驶技术会更加智能、安全和高效。

图 1-1-8　自动驾驶

智能语音助手不再是科幻电影中的虚幻存在,Siri(Speech Interpretation and Recognition Interface,苹果智能语音助手)、Cortana(微软小娜)、小爱同学、小度助手等智能语音助手已经得到普遍应用,如应用在车载人机交互、老人陪伴、儿童早教、家居控制等方面(图 1-1-9)。它们能够倾听并响应命令,将人们的一句话转化为行动。

图 1-1-9　智能语音助手

人脸识别是基于人的脸部特征信息进行身份识别的一种生物识别技术(图 1-1-10),

图 1-1-10　人脸识别

用摄像机或摄像头采集含有人脸的图像或视频流,并自动在图像中利用人工智能技术检测和跟踪人脸,进而对检测到的人脸进行脸部识别。人脸识别通常也叫作人像识别、面部识别。人脸识别技术在公共安全、监控系统、闸机验证、手机软件身份验证、人脸支付等领域迅速普及,响应速度和安全性逐渐提升,为我们的生活安全和便利提供有力保障。

四、计算机视觉

如果把人工智能比喻成大脑的话,计算机视觉是研究如何使机器"看"的大脑区域,进一步说,是指用摄影机和计算机代替人眼对目标进行识别、跟踪和测量,并进行图形处理,将目标处理成为更适合人眼观察或更适合传送给仪器检测的图像(图 1-1-11)。

计算机视觉这一学科试图建立能够从图像或者多维数据中获取信息的人工智能系统(图 1-1-12)。这里的信息是指可以用来帮助做决定的信息。因为感知可以被看作从感官信号中提取信息,所以计算机视觉也可以被看作研究如何使人工系统从图像或多维数据中感知的科学。通俗地讲,就是让机器能够像人一样从图片中获取到关键信息。例如:机器人需要拿起桌子上的红苹果,机器视觉需要做到认识哪个物品是苹果、哪个苹果是红的、在哪个位置,这样才能为后续机械臂的拿起动作提供决策。

图 1-1-11　计算机视觉的目标处理图像

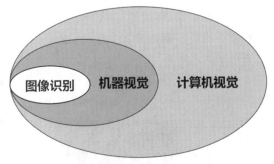

图 1-1-12　计算机视觉范畴

五、"开发神器"PyCharm

Python 是一种面向对象的解释型计算机程序设计语言,具有跨平台使用的特点,可以在 Linux、macOS 以及 Windows 系统中搭建环境并使用。用其编写的代码在不同平台上运行时,几乎不需要做较大的改动,使用者无不受益于它的便捷性。

PyCharm 作为一款针对 Python 的编辑器,配置简单、功能强大,使用起来省时省心,对初学者非常友好(图 1-1-13)。大部分 Python 开发者使用 PyCharm 进行程序开发。与专业版 PyCharm 相比,社区版 PyCharm 是可以免费使用的。

图 1-1-13　PyCharm

六、"库包管家"Anaconda

人工智能是一个知识面涉及很宽泛的领域,包含机器视觉、图像识别、自然语言处理、语音识别、机器学习、神经网络、深度学习等内容。为了方便开发者调用相关库包,我们需要有一个"库包管家"的角色来进行管理。

Anaconda 是一个开源的、多功能的 Python 环境集合管理软件,包含了 Conda、Python 等 180 多个科学包及其依赖项(图 1-1-14)。Anaconda 自带 Python、Jupyter Notebook(交互式笔记本)、Spyder(集成开发环境),同时可以创建不同版本的虚拟环境以供开发使用。

图 1-1-14　Anaconda

本教材按照项目进行实训,需要在计算机中安装人工智能分析的环境,即配置 Python 语言运行的环境和 Python 语言编程的环境,所以需要安装 Anaconda 软件和 PyCharm 软件。PyCharm 软件是 Python 语言的集成开发软件,能够展现运行的界面和运行的过程,配置 Anaconda 软件的环境。两个软件可同时实现人工智能的目标训练和人工智能的识别。Anaconda 软件相当于 Python 软件的升级版,自带 Python 编译环境,包含了 100 多个稳定的 Python 库,也能创建 Python 不同版本的虚拟环境。它同时还包含了 Conda 命令,可用以下载一些 Python 库包管理工具不能下载的 Python 库包。在人工智能的目标训练和识别的过程中,也需要 Anaconda 软件的配合。

任务实施

任务一　Anaconda 软件安装

1.打开路径 D:\智能分析课程\项目\1.智能分析基础篇\1.基础环境安装(具体请使用自己存放的实验项目路径),如图 1-1-15 所示。

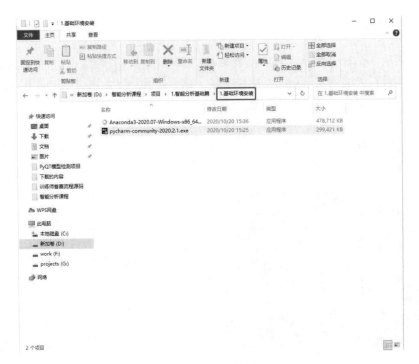

图 1-1-15　打开路径

2.右键点击打开"Anaconda3-2020.07-Windows-x86_64.exe",准备开始安装,如图 1-1-16 所示。

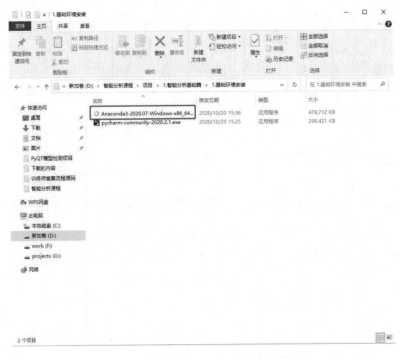

图 1-1-16　打开 Anaconda 安装文件

3.点击"Next"，如图 1-1-17 所示。

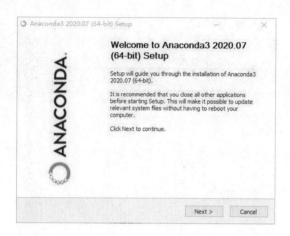

图 1-1-17　点击"Next"

4.点击"I Agree"，如图 1-1-18 所示。

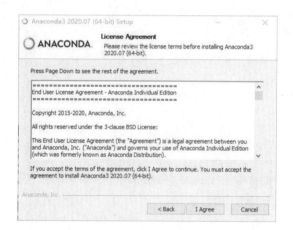

图 1-1-18　点击"I Agree"

5.继续点击"Next"，如图 1-1-19 所示。

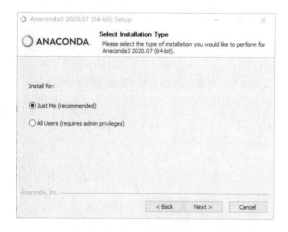

图 1-1-19　点击"Next"

6.此处可选择你想安装的路径。这里我们选用默认路径,继续点击"Next",如图 1-1-20 所示。

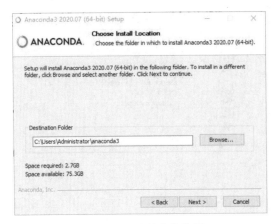

图 1-1-20 选择安装路径

7.选择两个都打钩,点击"Install",继续下一步,如图 1-1-21 所示。

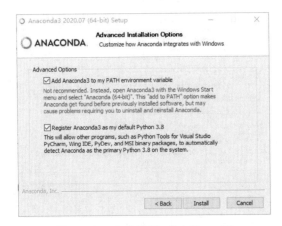

图 1-1-21 勾选设置,点击"Install"

8.等待安装,如图 1-1-22 所示。

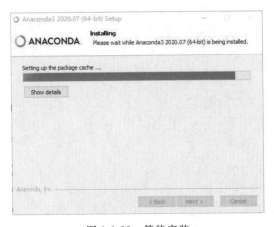

图 1-1-22 等待安装

9.出现如图 1-1-23 所示提示,说明安装完成,点击"Next"。

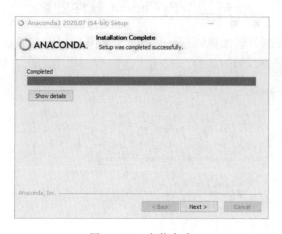

图 1-1-23 安装完成

10.继续点击"Next",如图 1-1-24 所示。

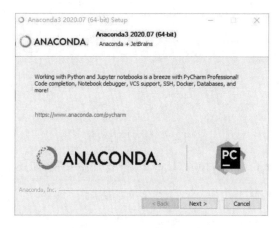

图 1-1-24 点击"Next"

11.点击"Finish",结束安装,如图 1-1-25 所示。

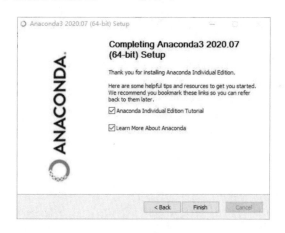

图 1-1-25 点击"Finish"

任务二　PyCharm 软件安装

1. 打开路径 D:\智能分析课程\项目\1.智能分析基础篇\1.基础环境安装（具体请使用自己存放的实验项目路径），如图 1-1-26 所示。

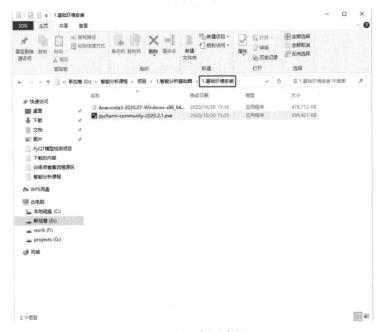

图 1-1-26　打开路径

2. 右键点击打开"pycharm-2020.2.1.exe"，准备开始安装，如图 1-1-27 所示。

图 1-1-27　打开 PyCharm 安装文件

3.点击"Next",如图 1-1-28 所示。

图 1-1-28　点击"Next"

4.此处可选择安装路径。这里我们选用默认路径,继续点击"Next",如图 1-1-29 所示。

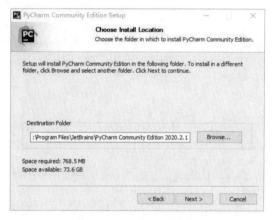

图 1-1-29　选择安装路径

5.勾选"64-bit launcher"和"Add launchers dir to the PATH",继续点击"Next",如图 1-1-30所示。

图 1-1-30　勾选设置

6. 点击"Install"，如图 1-1-31 所示。

图 1-1-31　点击"Install"

7. 等待安装，如图 1-1-32 所示。

图 1-1-32　等待安装

8. 出现如图 1-1-33 所示提示，说明安装完成，点击"Finish"结束。

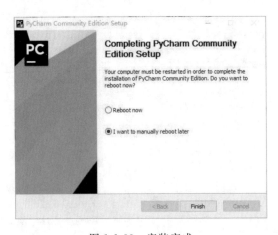

图 1-1-33　安装完成

9. 在桌面找到并双击"pycharm:图标,如图 1-1-34 所示。

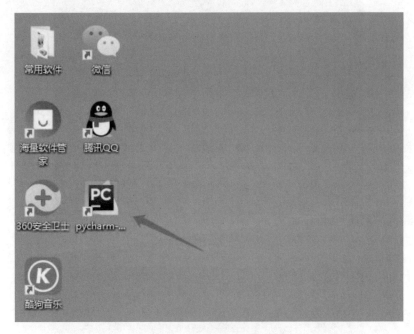

图 1-1-34 打开软件

10. 选择"New Project",打开新项目,如图 1-1-35 所示。

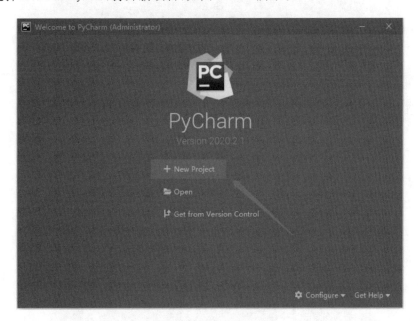

图 1-1-35 创建项目

11. 选择"Existing interpreter"现有路径,选择 Python 3.8 路径,点击右方"…",如图 1-1-36 所示。选择"Conda Environment"(找到刚才 Anaconda 的安装路径),点击"OK",如图 1-1-37 所示。最后点击"Create",完成配置,如图 1-1-38 所示。

图 1-1-36　选择路径

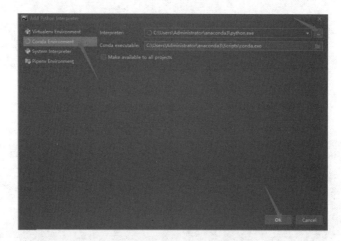

图 1-1-37　选择"Conda Environment"

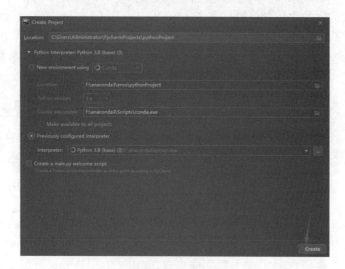

图 1-1-38　完成配置

12. 创建第一个新项目,如图 1-1-39 所示。

图 1-1-39　创建项目

项目小结

通过本项目的学习,可以了解人工智能相关理论知识,为后续的人工智能分析实训项目做好铺垫。完成 PyCharm 和 Anaconda 环境的配置,可为后续实训内容做好准备。

项目二　基础环境配置

项目描述

本项目讲解了实现 pip 豆瓣源和虚拟环境的配置流程。

pip 豆瓣源配置是指导入豆瓣网,加速下载各种所需要的 Python 库。如果未配置 pip 豆瓣源,直接下载 Python 库时,会从国外的网站下载相关 Python 库,这样速度会非常慢,而且还可能会下载失败,所以我们在编程之前需要配置 pip 豆瓣源。pip 源有阿里云、豆瓣、清华大学、中国科学技术大学四个。在本项目中我们配置的是 pip 豆瓣源,pip 豆瓣源内 Python 库种类比较全而且相对稳定。

虚拟环境配置是指根据需要生成不同的 Python 版本环境。比如 Anaconda 的版本是 3.8 时,那么它带的是 Python 3.8 版本环境,但如现在需要 3.6 版本的 Python 软件,这时候就可以在 Anaconda 内创建 Python 3.6 版本的虚拟环境。这是十分方便的操作,不需要再重新安装其他版本的 Python 软件,如图 1-2-1所示。在虚拟环境中创建任务有两种方式:在 cmd 窗口中创建;在 PyCharm 软件中创建。

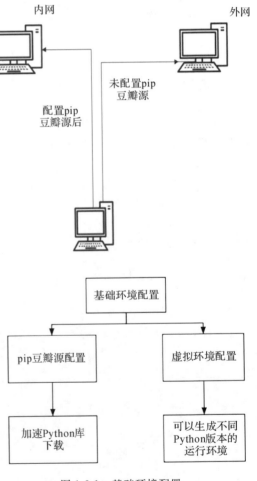

图 1-2-1　基础环境配置

知识目标

- 了解 pip 源的作用。
- 介绍虚拟环境。

技能目标

- 掌握 pip 源的配置方法。
- 掌握虚拟环境创建的两种方法。

相关知识

一、pip 源

在使用 Python 时,通常需要安装各种模块,pip 是很强大的模块安装工具,但是由于 PyPI 网站经常阻挡国内访问,所以我们最好将自己使用的 pip 源更换一下(图 1-2-2),这样不仅安装方便,而且下载库的速度非常快。以下是国内常用的 pip 源:

图 1-2-2　换源

豆瓣 http://pypi.douban.com/simple/

清华大学 https://pypi.tuna.tsinghua.edu.cn/simple/

阿里云 http://mirrors.aliyun.com/pypi/simple/

中国科学技术大学 http://pypi.mirrors.ustc.edu.cn/simple/

二、虚拟环境

在 Anaconda 里,可以随意创建各种虚拟环境(图 1-2-3),如 3.6、3.7、3.8 等版本的 Python 环境。在实际编程中,很多库也会依赖 Python 的版本,所以可以随意创建各种版本的 Python 环境非常重要。使用 Anaconda 创建虚拟环境十分简便高效,通过命令即可实现。

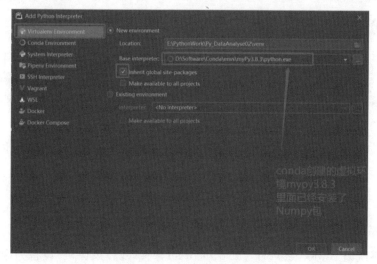

图 1-2-3　创建虚拟环境

三、实训环境

上海企想智能安防系统通信架构如图 1-2-4 所示。传统的安防监控系统主要是实时、机械地记录事件的发生，以震慑盗窃者和事后取证为主。智能安防系统除了能够实时记录场景录像外，还可以结合环境因素(烟雾、燃气、人体探测)等情况进行分析，提取视频中的重要信息(车牌、人脸、动作)，从而进行实时预警。

图 1-2-4　上海企想智能安防系统通信架构

通信架构分为三部分：监控系统——互联网；环境监测系统——ZigBee 协调器(一种低速短距离传输的无线网络协议)；大数据展示中心(图 1-2-5)。

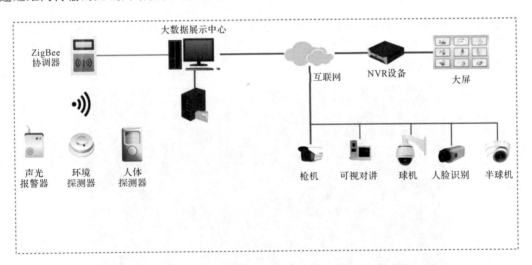

图 1-2-5　通信架构

(1)监控系统

* 监控系统以 NVR(network video recorder,网络视频录像机)设备为中心,管理整个局域网络中的摄像机,在 NVR 设备上进行摄像机的添加、修改和管理。

- 实时监控系统的数据保存在 NVR 设备的硬盘存储器中,用于回看监控。
- NVR 设备连接显示大屏,实时反映监控区域画面。
- 提供接口给服务器中心,实现智能分析功能。

（2）环境监测系统

- ZigBee 协调器负责收发 ZigBee 信号,将接收到的环境数据传输到服务器中心。
- 提供联动功能,将监控系统中的报警信息通过声光报警器等设备进行报警。
- 连接人体红外探测器进行区域报警,与摄像头和报警器联动。

（3）大数据展示中心

- 大数据展示中心由智能处理服务器和显示器构成,管理监控系统和环境监测系统。
- 调用智能分析功能代码,对监控系统中的视频进行分析处理（人脸识别、车牌检测、火焰检测、行为分析等）。
- 管理用户、设备,设置预警功能。
- 提供代码测试模块,运行智能分析代码。

任务实施

任务一　pip 豆瓣源配置

1. 打开路径 D:\智能分析课程\项目\1. 智能分析基础篇\2. 基础环境配置（具体请使用自己存放的实验项目路径）,如图 1-2-6 所示。

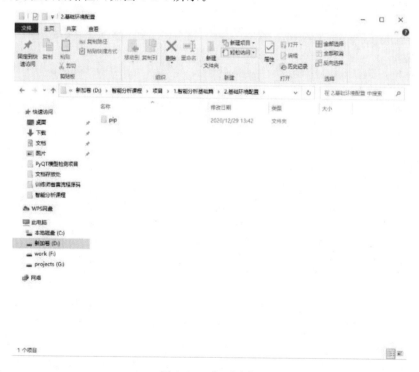

图 1-2-6　打开路径

2. 复制"pip"文件夹,如图 1-2-7 所示。

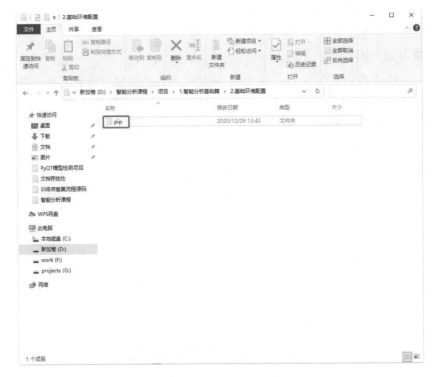

图 1-2-7　复制"pip"文件夹

3. 打开路径 C:\用户\Administrator,将复制的"pip"文件夹粘贴到该目录下,完成 pip 豆瓣源的配置,如图 1-2-8 所示。

图 1-2-8　完成豆瓣源的配置

任务二　虚拟环境创建

方式一

1.按 Windows＋R，打开系统命令，输入"cmd"，如图 1-2-9 所示。

图 1-2-9　输入"cmd"

2.按回车键，出现系统输入，如图 1-2-10 所示。

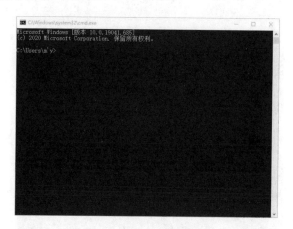

图 1-2-10　系统输入

3.现在我们想创建名为"keras"（可以取其他名字）、Python 版本为 3.6 的虚拟环境，则输入命令，如图 1-2-11 所示。

图 1-2-11　输入命令

4.按回车键,开始等待创建虚拟环境,如图 1-2-12 所示。

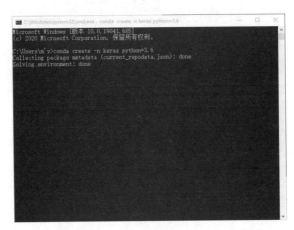

图 1-2-12 等待创建虚拟环境

5.出现以下情况,输入"y",如图 1-2-13 所示。

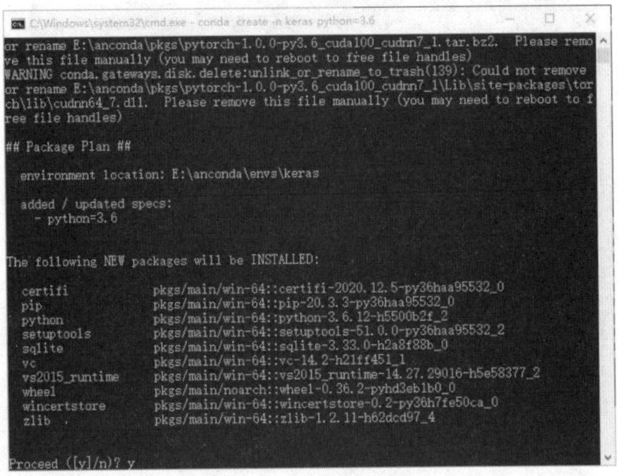

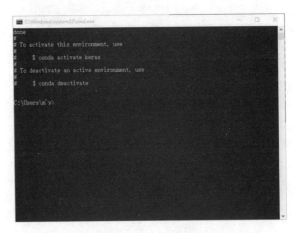

图 1-2-13 输入"y"

6.按回车键,安装完成,如图 1-2-14 所示。

图 1-2-14 安装完成

方式二

1. 打开社区版 PyCharm 软件,点击"Terminal"(命令行终端),如图 1-2-15 所示。

图 1-2-15　点击"Terminal"

2. 输入"conda create -n yolo3＿face python＝3.6",创建一个名为"yolo3＿face"的 Anconada 虚拟环境,按回车键,如图 1-2-16 所示。

图 1-2-16　创建虚拟环境

3. 在输入框中输入"y",继续按回车,如图 1-2-17 所示。

图 1-2-17　输入"y"

4. 等待几分钟,出现如图 1-2-18 所示提示,说明创建虚拟环境成功。

```
# To activate this environment, use
#
#     $ conda activate yolo3_face
#
# To deactivate an active environment, use
#
#     $ conda deactivate


(base) G:\pytorch_yolov3_face>
```

图 1-2-18 创建虚拟环境成功

项目小结

通过本项目的学习，可以了解 pip 源的相关理论知识以及创建虚拟环境的作用，为后续的人工智能分析实训项目做好铺垫。完成 pip 源的配置和虚拟环境的创建，可为后续实训内容做好准备。

项目三　图像驱动安装

 项目描述

本项目讲解了显卡的作用，介绍了计算机使用显卡的原理和显卡驱动的流程，并且详细介绍了显卡驱动环境 CUDA（Compute Unified Device Architecture，统一计算设备架构）的搭建和 cuDNN（CUDA Deep Neural Network，CUDA 深度神经网络库）驱动程序的安装方法。

知识目标

- 描述显卡的作用。
- 了解 CUDA 和 cuDNN 的作用。

技能目标

- 掌握 NVIDIA 驱动程序的安装配置方法。
- 掌握 CUDA 软件的安装方法以及 cuDNN 的配置方法。

相关知识

一、显卡

计算机在处理视频、图像类数据时需要进行大量的运算，而对于这种大量的运算，CPU（central processing unit，中央处理器）是反应不过来的，所以需要 GPU（graphics processing unit，图形处理器）。GPU 有很强的数据运算能力，专门用于处理图像数据。

GPU 是显卡的主要处理单元，而显卡是一个部件（图 1-3-1），最终还是要计算机控制来完成计算，所以需要安装驱动来连接显卡和计算机。对视频流进行智能分析需要使用到 GPU 加速，所以需要安装 NVIDIA（英伟达）驱动程序和 CUDA 软件。安装 NVIDIA 驱动程序是为了计算机能够正常识别显卡设备，而安装 CUDA 软件是为了调用显卡算力，提升智能分析识别速度。这样一来，人工智能的目标训练速度更快，视频程序呈现更流畅。

图 1-3-1 显卡

显卡通常分为集成显卡和独立显卡两种,如图 1-3-2 所示。

集成显卡   独立显卡

图 1-3-2 两种常见的显卡

二、NVIDIA 独立显卡

显卡是计算机中负责处理图像和视频信号的主要设备,用于对图像或视频进行处理并将处理结果传送至显示器并实时显示。显卡分为主板集成的集成显卡和独立在芯片之外的独立显卡,本项目后续任务使用的就是独立显卡。独立显卡需要插在计算机主板的 AGP(加速图像处理端口)接口上,其具备单独的显存,不占用系统内存,性能上优于集成显卡,能够提供更好的显示效果和运行性能(图 1-3-3)。NVIDIA 独立显卡具有高性能、低功耗、驱动程序完善、提供渲染效果更佳、图形处理能力更强、支持虚拟化等优势(图 1-3-4)。

图 1-3-3 台式机主板显卡接口

图 1-3-4 NVIDIA 独立显卡

三、显卡驱动

显卡驱动安装成功后,成为操作系统中的一小块代码,有了它,计算机就可以与显卡通信,驱使其工作(图 1-3-5)。

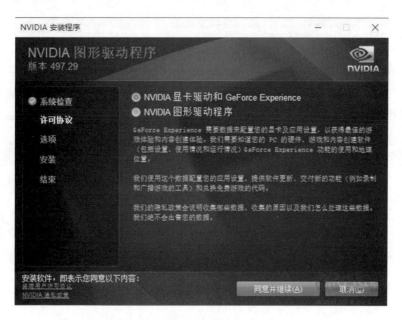

图 1-3-5 NVIDIA 显卡驱动安装界面

四、CUDA

CUDA(Compute Unified Device Architecture,统一计算设备架构)是 NVIDIA 推出的通用并行计算架构。它包含了 CUDA 指令集架构(ISA)以及 GPU 内部的并行计算引擎,可以显著提高 GPU 的计算性能。软件开发商和研究人员正在各个领域中运用CUDA,主要涉及图像与视频处理、计算生物学和化学、流体力学模拟、CT（computed tomography，电子计算机断层扫描）图像再现、地震分析以及光线追踪等。NVIDIA CUDA 安装界面如图 1-3-6 所示。

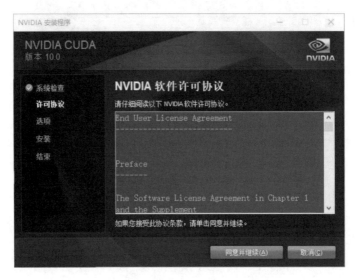

图 1-3-6　NVIDIA CUDA 安装界面

五、cuDNN

cuDNN（CUDA Deep Neural Network，CUDA 深度神经网络库）是用于深度神经网络的 GPU 加速库（图 1-3-7）。它强调性能、易用性和低内存开销，可以被集成到更高级别的机器学习框架中，如加州大学伯克利分校流行的 Caffe 软件。简单来说，插入式设计可以让开发人员专注于设计和实现神经网络模型，而不是调整性能，同时还可以在 GPU 上实现高性能并行计算。总之，cuDNN 就是一个加速库，CUDA 实现了对 GPU 的调用，而 cuDNN 加快了 CUDA 调用 GPU 的过程。实际上，安装使用 CUDA 和 cuDNN 的计算机比只装 CUDA 的计算机的训练速度快 1.5 倍左右。

图 1-3-7　深度神经网络的 GPU 加速库

任务实施

任务一　安装 NVIDIA 驱动程序

1.打开路径 D:\智能分析课程\项目\1.智能分析基础篇\3.图像驱动安装（具体请使用自己存放的实验项目路径；有的计算机驱动是最新驱动，不需要安装；若是低配版计算机且无显卡，可跳过此任务），如图 1-3-8 所示。

图 1-3-8　打开路径

2.右键点击打开"NVIDIA-GEFORCE_1070.exe",开始安装 NVIDIA 显卡驱动,如图 1-3-9所示。特别提醒:这里 NVIDIA 显卡型号为 GeForce GTX 1070,如果你的电脑配置的 NVIDIA 显卡是其他型号,请访问 NVIDIA 官网,下载相应的显卡驱动程序。网址:https://www.nvidia.cn/geforce/drivers/(有的电脑驱动是最新驱动,不需要安装)。

图 1-3-9　安装显卡驱动

3. 选择默认路径，点击"OK"，如图 1-3-10 所示。

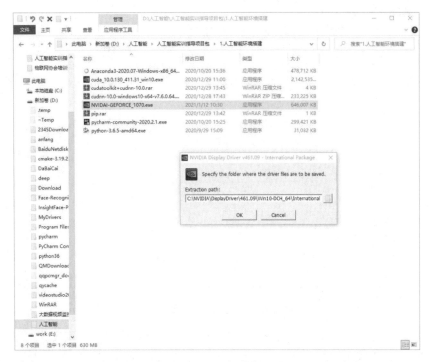

图 1-3-10　选择默认路径

4. 等待安装进度加载完成，如图 1-3-11 所示。

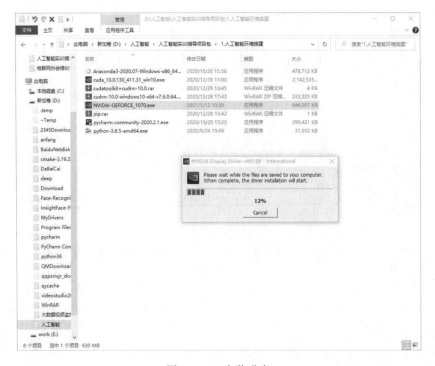

图 1-3-11　安装进度

5. 检查系统兼容性, 如图 1-3-12 所示。

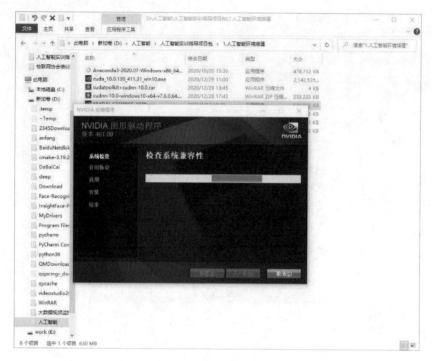

图 1-3-12　检查系统兼容性

6. 检查完成后, 出现许可协议, 点击"同意并继续", 如图 1-3-13 所示。

图 1-3-13　许可协议

7.点击"下一步",如图 1-3-14 所示。

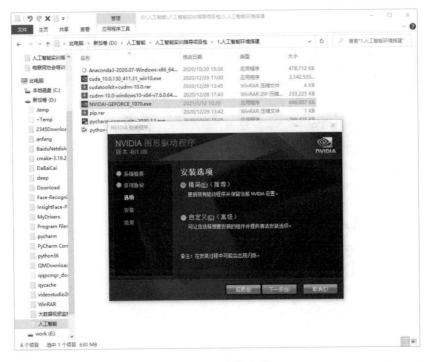

图 1-3-14　安装选项

8.等待安装过程加载,如图 1-3-15 所示。

图 1-3-15　安装过程

9.安装完成后,点击"关闭",如图 1-3-16 所示。

图 1-3-16　安装完成

任务二　安装 CUDA 软件

1.打开路径 D:\智能分析课程\项目\1.智能分析基础篇\3.图像驱动安装(具体请使用自己存放的实验项目路径;若是低配版计算机且无显卡,可跳过此任务),如图 1-3-17 所示。

图 1-3-17　打开路径

2.右键点击打开"cuda_10.0.130_411.31_win10.exe",开始安装 CUDA,如图 1-3-18 所示。

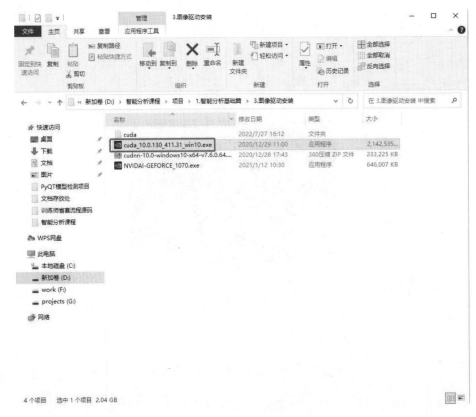

图 1-3-18　CUDA 安装程序

3.选择默认路径,点击"OK",如图 1-3-19 所示。等待安装进度加载完成,如图 1-3-20 所示。

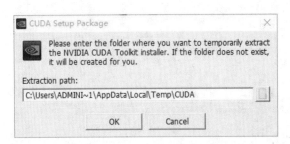

图 1-3-19　安装路径的选择

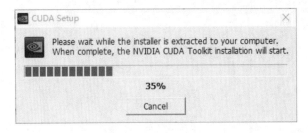

图 1-3-20　安装进度

4. 检查系统兼容性,如图 1-3-21 所示。

图 1-3-21　检查系统兼容性

5. 检查完成后,点击"同意并继续",如图 1-3-22 所示。

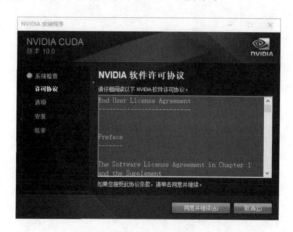

图 1-3-22　许可协议

6. 在这里,我们选择"自定义",然后点击"下一步",如图 1-3-23 所示。

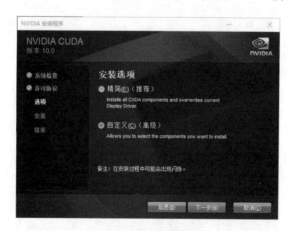

图 1-3-23　安装选项

7.点击"CUDA"左边的"＋",查看"Visual Studio Integration"选项,取消"Visual Studio Integration"的勾选,点击"下一步",如图 1-3-24 所示。

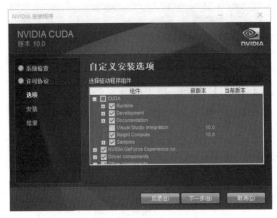

图 1-3-24　自定义安装选项

8.选择安装位置,继续点击"下一步",如图 1-3-25 所示。

图 1-3-25　选择安装位置

9.等待安装过程加载,如图 1-3-26 所示。

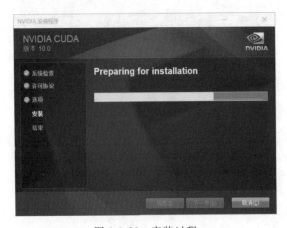

图 1-3-26　安装过程

10. 安装完成后,点击"稍后重启",如图 1-3-27 所示。

图 1-3-27　安装完成

11. 回到路径 D:\智能分析课程\项目\1. 智能分析基础篇\3. 图像驱动安装(具体请使用自己存放的实验项目路径),右键点击打开"cudnn-10.0-windows10-x64-v7.6.0.64.zip",将其解压到当前文件夹,如图 1-3-28 所示。

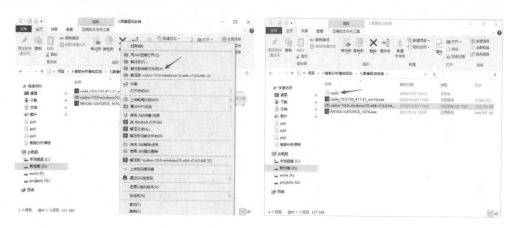

图 1-3-28　解压文件

12. 进入"cuda"文件夹,剪切其中的全部文件,如图 1-3-29 所示。

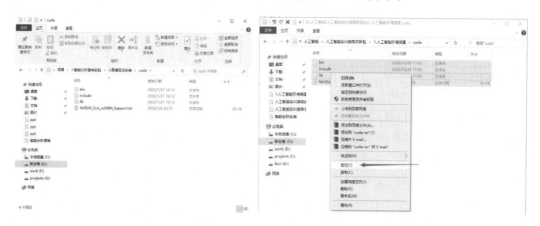

图 1-3-29　剪切文件

13. 打开路径 C:\Program Files\NVIDIA GPU Computing Toolkit\CUDA\v10.0（一般电脑默认安装路径都是这里），将剪切的文件粘贴到该目录下。若有重复的，直接覆盖原文件；若权限不够，点击"继续"，并且为所有当前项目执行此操作，如图 1-3-30 所示。至此，CUDA 显卡环境安装完成，如图 1-3-31 所示。

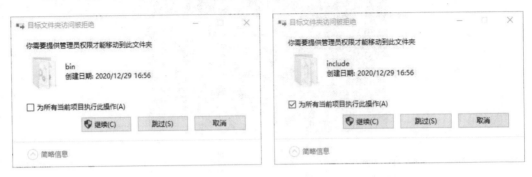

图 1-3-30　权限提示

图 1-3-31　安装完成

项目小结

通过本项目的学习，可以了解显卡的相关理论知识以及 CUDA 和 cuDNN 的作用，为后续的人工智能分析实训项目做好铺垫。完成 NVIDIA 驱动程序和 CUDA 软件的安装，可为后续实训内容做好准备。

项目四　人脸识别

项目描述

人脸识别是按照计算机的逻辑，根据人的脸部特征信息进行身份识别的一种生物识别技术。本项目详细讲解了人脸识别的原理和代码编写方法，完成本项目，你将让计算机拥有"认识"你的能力。

知识目标

- 描述人脸识别过程。
- 描述人脸识别原理。
- 描述 Python 库包。

技能目标

- 掌握人脸识别的配置环境。
- 掌握人脸识别的编写程序。

相关知识

一、cv2 库包

库包是在模块之上的概念，是为了方便管理而将多个脚本文件（模块文件）进行打包。cv2 指的是 OpenCV2(Open Source Computer Vision Library 2.0)，是一个开源的计算机视觉库，实现了图像处理和计算机视觉方面的很多通用算法。OpenCV 具有强大的图片处理功能（图 1-4-1）。

图 1-4-1　OpenCV 视觉库

二、模型

Python 中一切皆是对象,Python 数据模型是 Python 中对象的属性。数据模型其实是对 Python 框架的描述,它规范了这门语言自身构建模块的接口,这些模块包括但不限于序列、迭代器、函数、类和上下文管理器。例如,一个飞机模型在 Python 语言中被描述成一个对象(图 1-4-2),并为对象抽象出一些接口,当你想要知道飞机的种类或者飞机的颜色时,就可以通过调用接口来获得。

图 1-4-2 飞机模型

三、计算机如何快速处理图片

对于计算机而言,照片仅仅是一堆像素。在我们认知事物之前,首先需要学习,计算机也不例外,在这里我们就以 0～9 的数字识别为例。我们告诉计算机,这就是 0～9 的模样,如图 1-4-3 所示。计算机能"记住"这些白点和非白点的位置与色值,然后跟之前学习到的不同数字的白点和非白点的位置与色值做比较。

图 1-4-3 像素点
组成的数字 2

使用 OpenCV-Python 库进行人脸识别的准确率为 70% 左右,识别速度快,可以使用笔记本自带的前置摄像头进行自我人脸识别,也可以使用本地视频进行识别。通过本项目,学生可以了解 OpenCV-Python 库的用法、人脸模型、Python 的语法以及对视频的处理方法,能够熟练使用 PyCharm 软件和 Anaconda 软件,同时了解 OpenCV 和 OpenCV-Python。

四、OpenCV

OpenCV 于 1999 年由 Gary Bradsky(加里·布拉德斯基)在英特尔创立,第一个版本于 2000 年问世(图 1-4-4)。随后 Vadim Pisarevsky(瓦迪姆·皮萨列夫斯基)加入,一同管理英特尔的俄罗斯软件 OpenCV 团队。2005 年,OpenCV 被用于 Stanley 车型,该车赢得了 2005 年 DARPA(Defense Advanced Research Projects

图 1-4-4 OpenCV 标识

Agency,美国国防高级研究计划局)大挑战赛冠军。

OpenCV 支持各种编程语言(如 C++、Python、Java 等),可在不同的平台上使用(如 Windows、Linux、为 macOS、Android、iOS 等),如图 1-4-5 所示。

图 1-4-5　支持 OpenCV 的主流平台

OpenCV 支持与计算机视觉和机器学习相关的众多算法,并且正在日益扩展。基于 CUDA 和 OpenCV 的高速 GPU 操作接口也在积极开发中。OpenCV-Python 是 OpenCV 的 Python API(application programming interface,应用程序接口),结合了 OpenCV C++ API 和 Python 语言的最佳特性。使用 Python 库包可实现彩色图片的色彩分析,如图 1-4-6 所示。

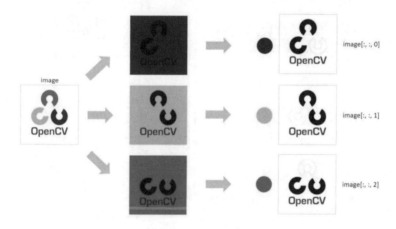

图 1-4-6　色彩分析

五、OpenCV-Python 库

OpenCV-Python 是基于 Python 的库,旨在解决计算机视觉问题。Python 的流行,主要是因为它的简单性和代码可读性。它使程序员能够用较少的代码行表达思想,且不会降低代码的可读性。与 C/C++等语言相比,Python 编译速度较慢。Python 可以使用 C/C++ 轻松扩展,因此我们可以在 C/C++中编写计算密集型代码,并使用 Python 进行封装。这带来了两个好处:首先,代码与原始 C/C++代码一样快,因为它在后台实际调用的是C++ 代码;其次,在 Python 中编写代码比使用 C／C++更容易。

OpenCV-Python 是由 OpenCV C++实现并封装的 Python 库,是一个高度优化的数据操作库,它可以使用 NumPy(Numerical Python,开源的数值计算扩展)进行数据转换。所有 OpenCV 数组结构都转换为 NumPy 数组,这也使得 OpenCV-Python 与使用 NumPy 的其他库[如 SciPy(开源数值计算库)和 Matplotlib(绘图库)]集成更容易。

任务实施

任务一　人脸识别程序的编写

任务流程如图 1-4-7 所示。

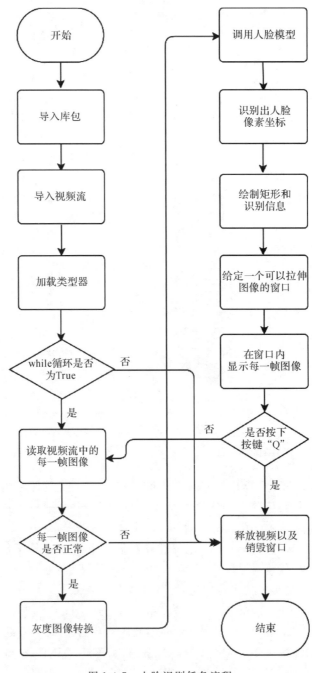

图 1-4-7　人脸识别任务流程

1. 打开 PyCharm 软件，创建一个新项目，依次点击"File"和"New Project"，如图 1-4-8 所示。

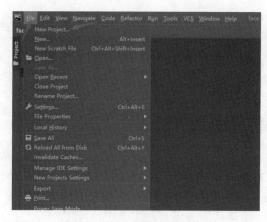

图 1-4-8　创建新项目

2. 项目可以自己命名，这里我们命名为"face"，下面依次点击选择"New environment using"和"Conda"，创建的虚拟环境为"Python 3.6"，"Python version"选择"3.6"，最后点击"Create"，如图 1-4-9 所示。

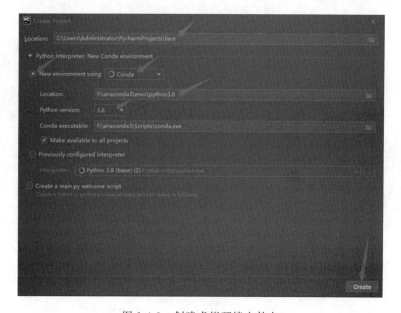

图 1-4-9　创建虚拟环境文件夹

3. 出现如下提示。点击"This Window"会覆盖原先的窗口，点击"New Window"会打开一个新窗口。这里我们选择"This Window"，如图 1-4-10 所示。

图 1-4-10　窗口选择

4. 准备创建一个"face. py"文件。右键点击"face"文件夹,选择"New",点击"Python File"(图 1-4-11),填写文件名"face. py"(图 1-4-12),按回车键,创建完成(图 1-4-13)。

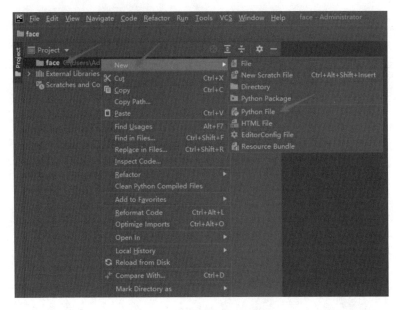

图 1-4-11　创建 Python 文件

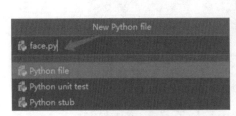

图 1-4-12　命名 Python 文件

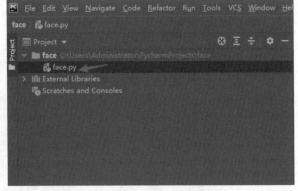

图 1-4-13　"face. py"创建完成

5. 在 PyCharm 中点击"Terminal",打开路径 D:\智能分析课程\项目\1. 智能分析基础篇\4. 人脸识别(具体请使用自己存放的实验项目路径),如图 1-4-14 所示。在"Terminal"中输入命令,安装所有需要的 Python 库,如图 1-4-15 所示。

命令如下:

D:

cd D:\智能分析课程\项目\1. 智能分析基础篇\4. 人脸识别

pip install-r requirements. txt

图 1-4-14　打开路径

图 1-4-15　安装 Python 库

6. 在路径 D:\智能分析课程\项目\1. 智能分析基础篇\4. 人脸识别\face(具体请使用自己存放的实验项目路径)中找到"1. mp4"和"haarcascade_frontalface_default. xml"这两个文件(图 1-4-16),复制;然后在 PyCharm 中右键点击"face"文件夹,选择"Paste",粘贴到自己创建的"face"文件夹中(图 1-4-17)。"1. mp4"文件是需要识别的素材(大家可以随意更换自己想要的素材),"haarcascade_frontalface_default. xml"文件是官方给出的用于人脸识别的模型,大家可以在下载的 cv2 库中获取。

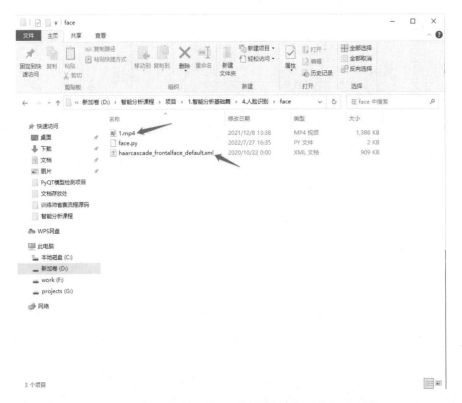

图 1-4-16　复制文件

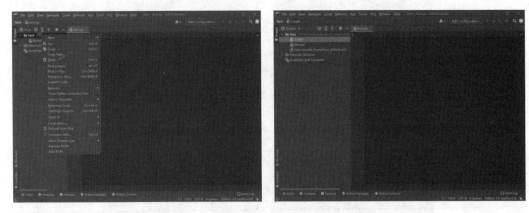

图 1-4-17　粘贴文件

7. 导入 cv2 库，读取视频的路径，并赋予变量 cap，如图 1-4-18 所示。注意：如果想要使用网络视频流，需要使用实训中的海康摄像头设备，同时需要将 cv2. VideoCapture（"1. mp4"）中的本地路径换成 rtsp://admin:【摄像头密码】@【摄像头 ip】/Streaming/Channels/2。本次实训中使用本地视频流路径 cv2. VideoCapture("1. mp4")。

代码如下：

```
import cv2
cap = cv2.VideoCapture("1.mp4")
```

8. 写入人脸识别模型文件"haarcascade_frontalface_default.xml"路径，并赋予变量 cascPath，如图 1-4-19 所示。

代码如下：

```
faceCascade = cv2.CascadeClassifier("haarcascade_frontalface_default.xml")
```

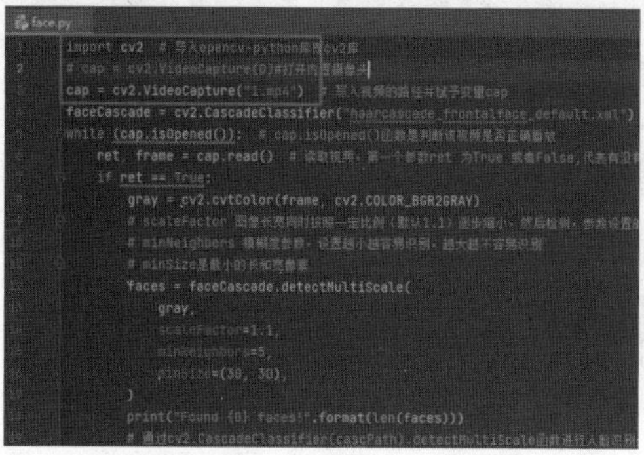

图 1-4-18　本地视频路径 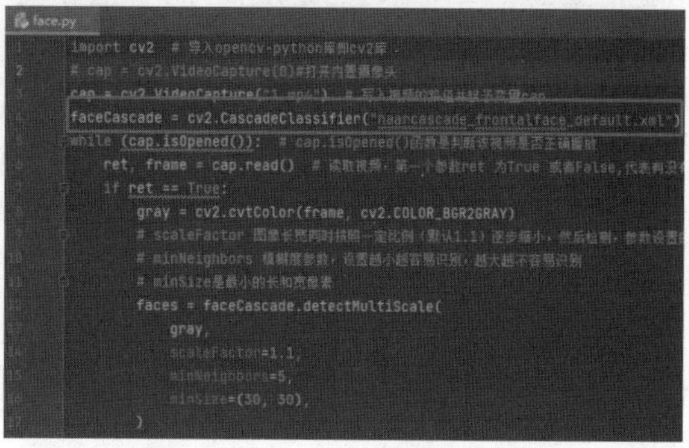　　　　　　　　图 1-4-19　人脸识别库模型文件

9. 写一个视频播放的 while 循环函数，cap.isOpened() 函数用于判断该视频是否正常打开，如图 1-4-20 所示。

代码如下：

```
while (cap.isOpened()):
```

10. 读取视频，如图 1-4-21 所示。参数 ret 表示是否读取到图片（True 或 False），参数 frame 表示读取到的每一帧。

代码如下：

```
ret,frame = cap.read()
```

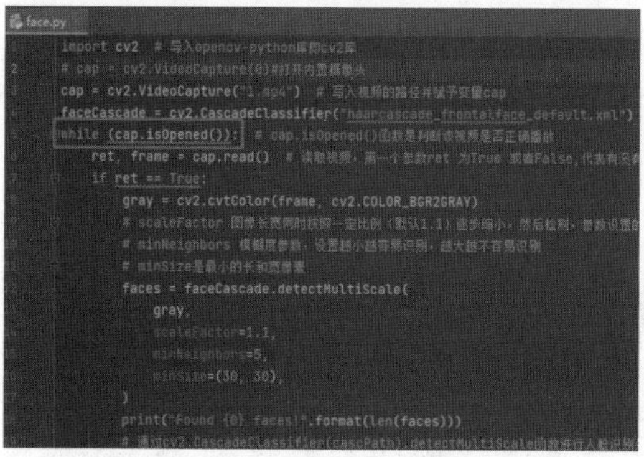

图 1-4-20　判断视频播放是否正常打开　　　　　图 1-4-21　读取视频

11. 判断图片是否正常读取，如图 1-4-22 所示。

代码如下：

```
if ret = = True：
```

12.将图片从 RGB 格式转为灰度格式,如图 1-4-23 所示。

代码如下:

```
gray = cv2.cvtColor(frame,cv2.COLOR_BGR2GRAY)
```

图 1-4-22　判断图片是否正常读取　　　　　图 1-4-23　图片颜色转换

13. 通过 cv2.CascadeClassifier(cascPath). detectMultiScale()函数进行人脸识别,输出该图片有几张人脸,如图 1-4-24 所示。参数 scaleFactor 是指图像长宽比例(默认为 1.1∶1),图像可以按默认比例调整,检测时,参数设置得越大,计算速度越快;参数 minNeighbors 是模糊度参数,设置得越小,越容易识别,设置得越大,越不容易识别;参数 minSize 是最小的长和宽像素。

代码如下:

```
faces = faceCascade.detectMultiScale(
    gray,
    scaleFactor = 1.1,
    minNeighbors = 5,
    minSize = (30,30),
)
print("Found {0} faces!".format(len(faces)))
```

14. 在视频的每一帧上画矩形,如图 1-4-25 所示。

图 1-4-24　人脸识别　　　　　　　　　　图 1-4-25　帧处理画框

代码如下：

```
for (x,y,w,h) in faces：
    cv2.rectangle(frame,(x,y),(x + w,y + h),(0,255,0),2)
```

15. 创建一个"facesFound"窗口，展示智能处理后的视频，如图 1-4-26 所示。

代码如下：

```
cv2.namedWindow("facesFound",cv2.WINDOW_NORMAL)
cv2.imshow('facesFound',frame)
```

16. 视频正常播放时等待，当按"Q"键时停止运行，如图 1-4-27 所示。

代码如下：

```
if cv2.waitKey(1) & 0xFF = = ord('q')：
    break
```

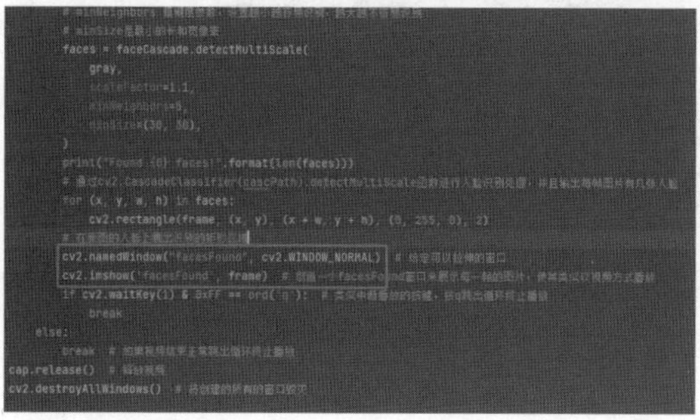

图 1-4-26　窗口展示

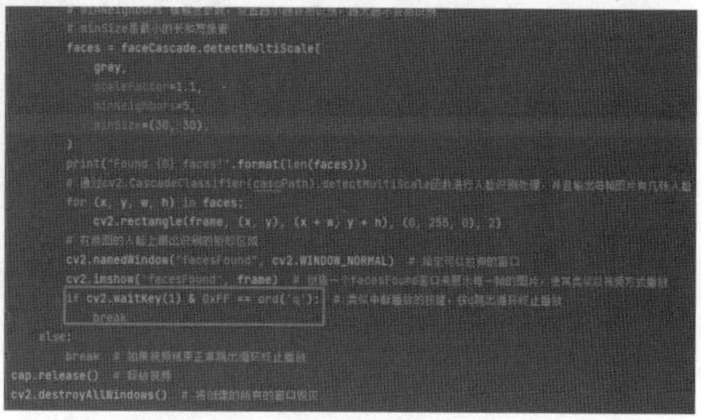

图 1-4-27　停止运行

17. 如果读取的视频帧不正常，将会自动停止运行，不会报错，如图 1-4-28 所示。

代码如下：

```
else：
    break
```

18. 运行完成，释放所有视频，销毁所有窗口，如图 1-4-29 所示。

代码如下：

```
cap.release()
cv2.destroyAllWindows()
```

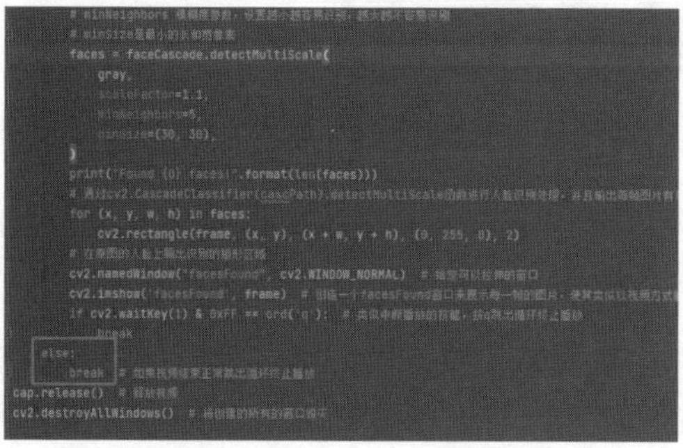

图 1-4-28　处理错误视频

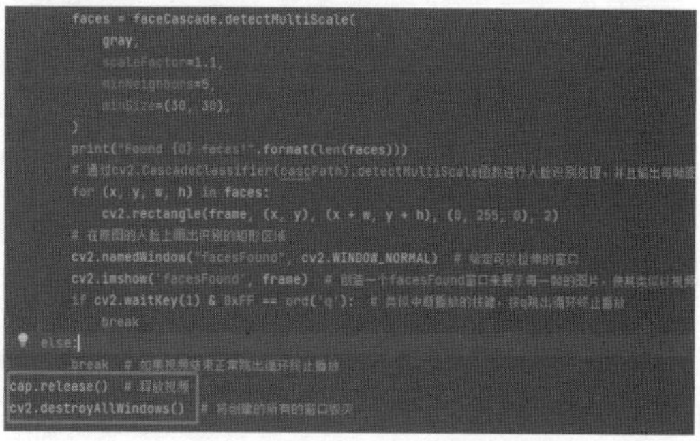

图 1-4-29　释放视频并销毁窗口

19. 右键点击"face. py"文件,选择运行,如图 1-4-30 所示。运行结果如图 1-4-31 所示。

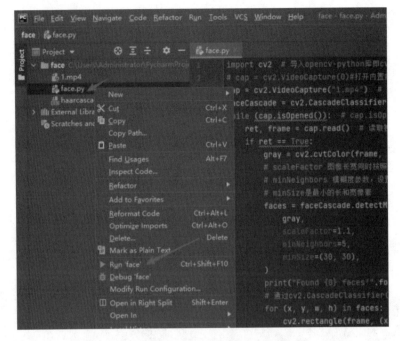

图 1-4-30　运行程序

图 1-4-31　运行结果

项目小结

通过本项目的学习,可以了解 cv2 库包的作用以及 OpenCV 的发展,同时能够学习到 OpenCV-Python 库的相关知识。人脸识别程序的编写,可帮助学生提升编程能力和逻辑能力,掌握人脸识别技术。

项目五　笑脸识别

项目描述

笑脸识别是基于人脸识别完成的,用于检测识别到的人脸中是否有笑脸。它的原理是通过人工智能开发环境,读取计算机实时画面,识别微笑情绪,并标注显示。本项目详细讲解了笑脸识别的原理和代码编写方法。完成本项目,你将让计算机拥有"辨别微笑"的能力。

知识目标

- 描述类型器。
- 描述本地视频读取原理。

技能目标

- 掌握笑脸识别的配置环境。
- 掌握笑脸识别的编写程序。

相关知识

一、本地视频读取

OpenCV 读取的视频主要来自视频文件和摄像头读取。读取视频其实就是读取视频的每一帧,然后把每一帧当作图像来显示和处理,这个过程很快,看起来就像是在读取视频一样(图 1-5-1)。

图 1-5-1　OpenCV 读取视频

二、类型器

分类的模型简称类型器,能够被加载到项目中从而识别微笑、人脸、上半身、下半身等。类型器是简单的模型(图 1-5-2),代码加载类型器速度快,但识别度低,对初学者来说非常实用,能够直观地介绍什么是模型、模型的作用是什么,便于学生学习操作类型器,熟练掌握类型器的用法。

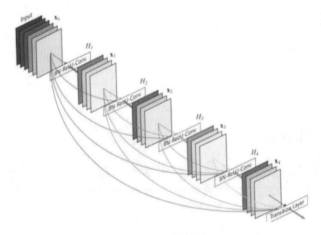

图 1-5-2　类型器

三、微笑类型器

微笑类型器可以被简单理解为一种特定的类(图 1-5-3),这个类专门保存微笑类型,就好像是一个做好的一个玩具模型一样,能够直接识别视频中人脸微笑的区域,并框出人脸微笑部分。

图 1-5-3　微笑类型器模型

四、VideoCapture( )

OpenCV2 中的 VideoCapture( )函数用于获取视频流。具体使用方法分为两类：直接调取本地路径下的视频文件，例如 cv2. VideoCapture("1. mp4")；调取摄像头获取的实时画面，例如 cv2. VideoCapture(0)、cv2. VideoCapture(1)，其中参数 0 代表前置摄像头，参数 1 代表后置摄像头。

```
ret,frame = cap.read();
```

需要注意，由于 cap. read 是一帧一帧读取的，因此，要么读取一张操作一张，要么将所有的帧全部存到 list 中统一处理，如图 1-5-4 所示。

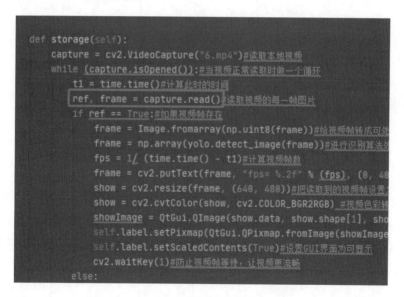

1-5-4　读取每一帧

任务实施

任务一 设计简单的笑脸识别

任务流程如图 1-5-5 所示。

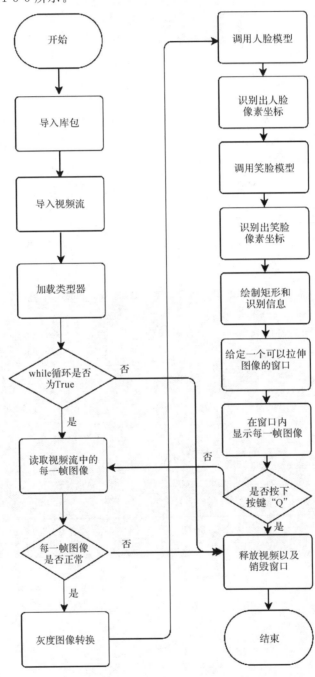

图 1-5-5 笑脸识别任务流程

1.打开 PyCharm 软件,创建一个新项目,依次点击"File"和"New Project",如图 1-5-6 所示。

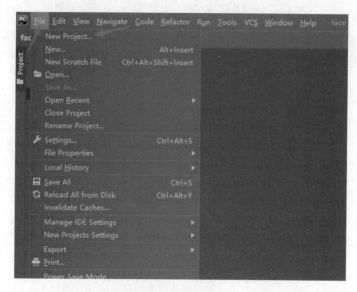

图 1-5-6　创建新项目

2.项目可以自己命名,这里我们命名为"smile",下面依次点击选择"Existing interpreter"和"Python 3.6"(该虚拟环境是在"人脸识别"项目中创建好的,可以继续使用),最后点击"Create"完成创建,如图 1-5-7 所示。

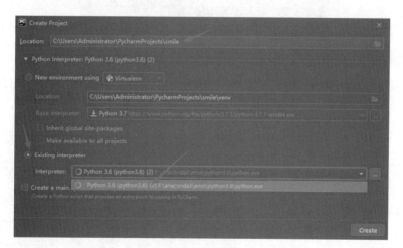

图 1-5-7　项目命名

3.出现如下提示。这里我们选择"This Window",如图 1-5-8 所示。

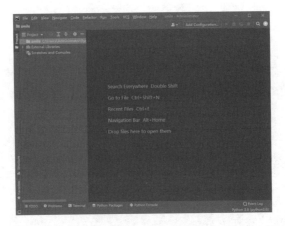

图 1-5-8　窗口选择

4. 准备创建一个"smile. py"文件。右键点击"smile"文件夹,选择"New",点击"Python File"(图 1-5-9),填写文件名"smile. py"(图 1-5-10),按回车键,创建完成(图 1-5-11)。

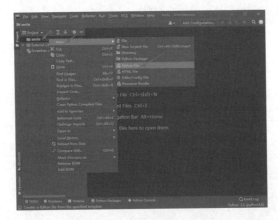

图 1-5-9　创建 Python 文件

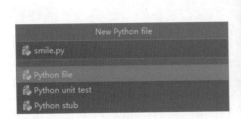

图 1-5-10　命名 Python 文件

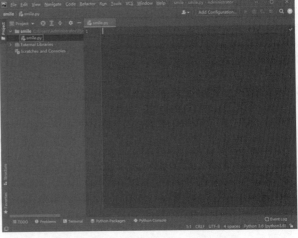

图 1-5-11　"smile. py"创建完成

5. 在路径 D:\智能分析课程\项目\1.智能分析基础篇\5.笑脸识别\smile(具体请使用自己存放的实验项目路径)中找到"1. mp4""haarcascade_ smile. xml"和"haarcascade_frontalface_default. xml"这三个文件(图 1-5-12),复制;然后在 PyCharm 中右键点击"smile"文件夹,选择"Paste",粘贴到自己创建的"smile"文件夹中(图 1-5-13)。"1. mp4"文件是需要识别的素材(大家可以随意更换自己想要的素材),"haarcascade_frontalface_default. xml"文件是官方给出的用于人脸识别的模型,"haarcascade_smile. xml"文件是官方给出的用于笑脸识别的模型,大家可以在下载的 cv2 库中获取。

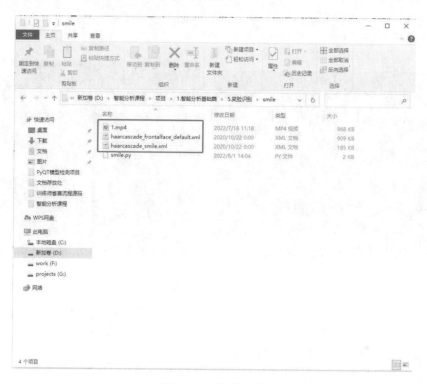

图 1-5-12　复制文件

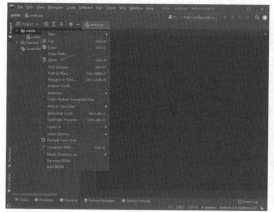
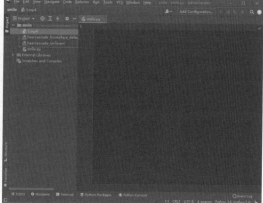

图 1-5-13　粘贴文件

6.导入 cv2 库,使用 import cv2,如图 1-5-14 所示。

代码如下:

```
import cv2
```

7.读取视频的路径,并赋予变量 cap,如图 1-5-15 所示。注意:如果想要使用网络视频流,需要使用实训中的海康摄像头设备,同时需要将 cv2. VideoCapture("1. mp4")中的本地路径换成 rtsp://admin:【摄像头密码】@【摄像头 ip】/Streaming/Channels/2。本次实训中使用本地视频流路径 cv2. VideoCapture("1. mp4")。

代码如下:

```
cap = cv2.VideoCapture("1.mp4")
```

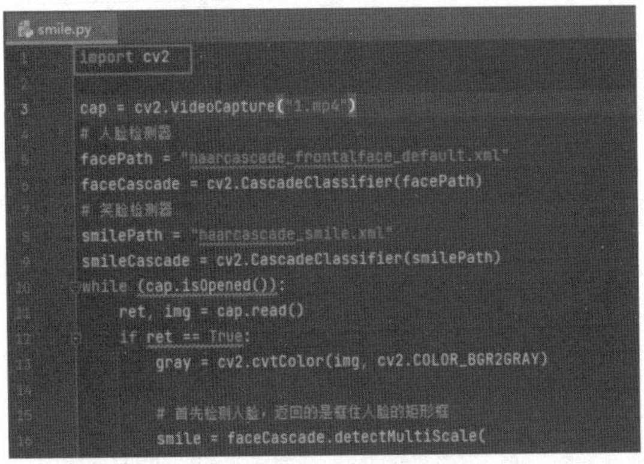

图 1-5-14　使用 import cv2

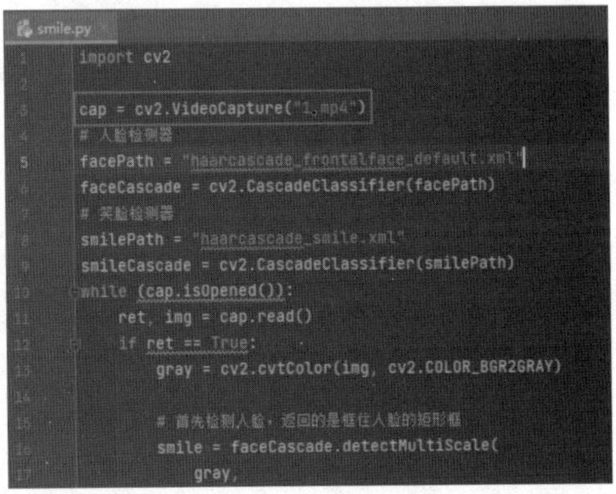

图 1-5-15　赋予变量

8.导入人脸识别和笑脸识别的类型器,如图 1-5-16 所示。

代码如下:

```
facePath = "haarcascade_frontalface_default.xml"
faceCascade = cv2.CascadeClassifier(facePath)
smilePath = "haarcascade_smile.xml"
smileCascade = cv2.CascadeClassifier(smilePath)
```

9.使用 while 循环,使用 cap. isOpened()函数判断视频是否正常打开,如图 1-5-17 所示。

代码如下:

```
while (cap.isOpened());
```

10.读取视频,如图 1-5-18 所示。参数 ret 表示是否读取到图片(True 或 False),参数 img 表示读取到的每一帧。

代码如下:

```
ret,img = cap.read()
```

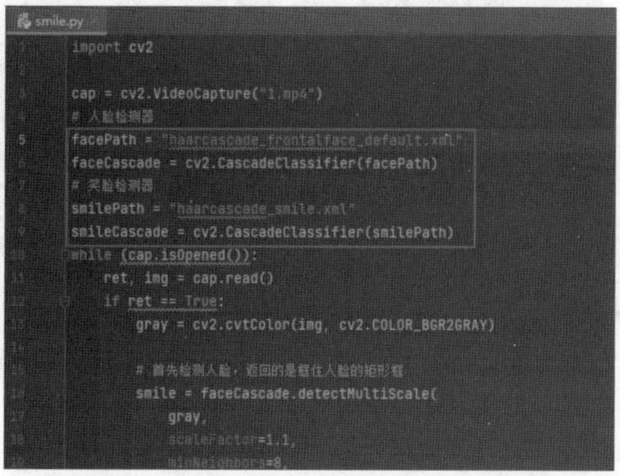

图 1-5-16　导入人脸识别和笑脸识别的类型器

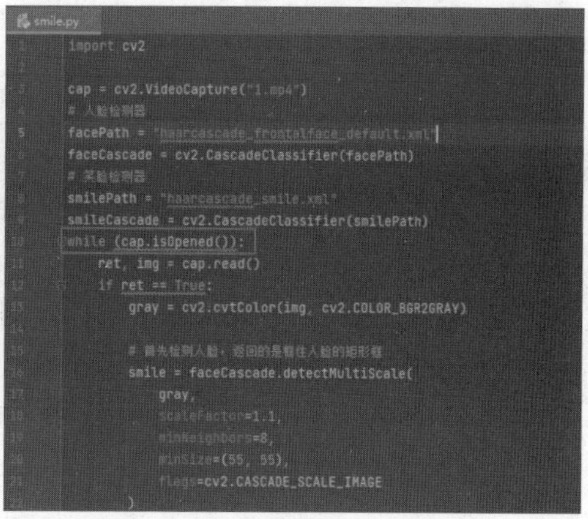

图 1-5-17　判断视频是否正常打开

11.判断视频是否正常读取,如图 1-5-19 所示。

代码如下:

if ret = = True:

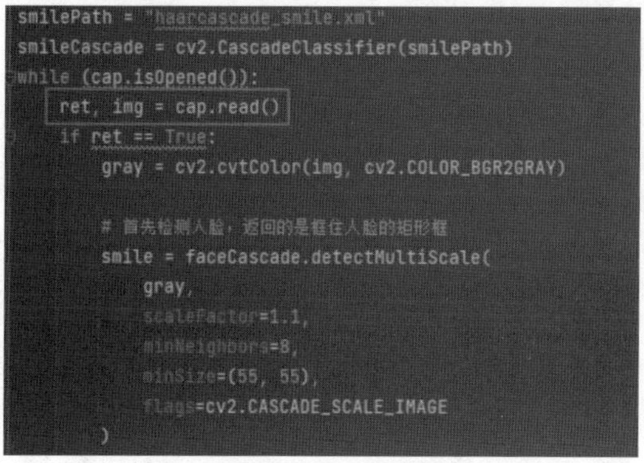

图 1-5-18　读取视频

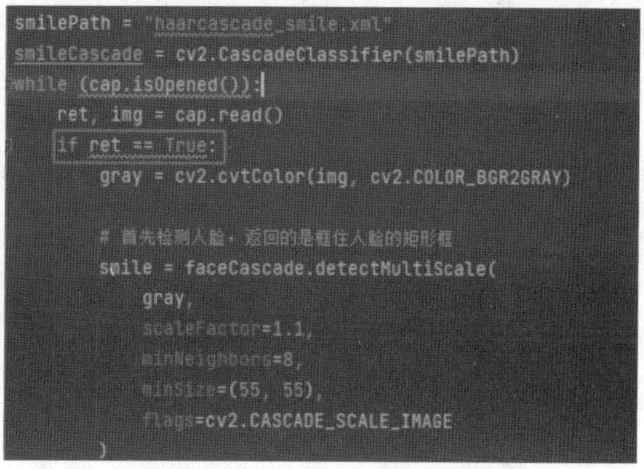

图 1-5-19　判断视频是否正常读取

12.把图片转为灰度,如图 1-5-20 所示。

代码如下:

```
gray = cv2.cvtColor(img,cv2.COLOR_BGR2GRAY)
```

13.通过 detectMultiScale()函数进行人脸识别,如图 1-5-21 所示。

代码如下:

```
smile = faceCascade.detectMultiScale(
    gray,
    scaleFactor = 1.1,
    minNeighbors = 8,
    minSize = (55,55),
    flags = cv2.CASCADE_SCALE_IMAGE
)
```

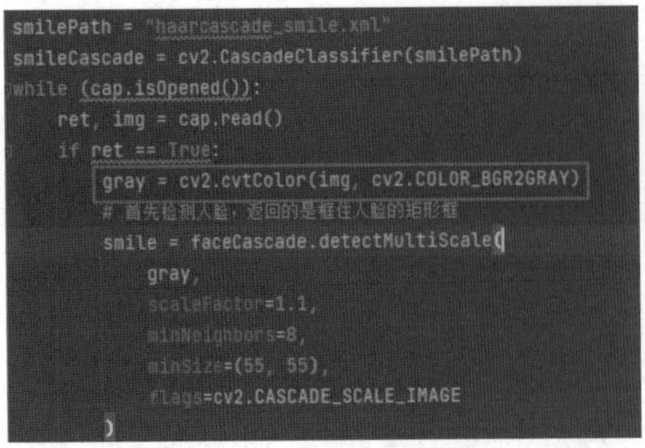

图 1-5-20　图片颜色转换

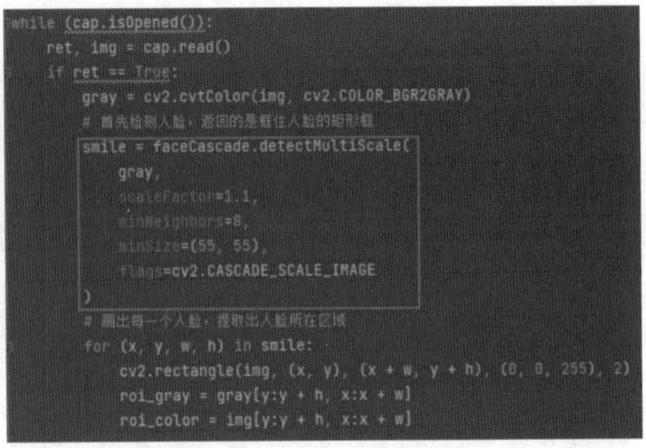

图 1-5-21　人脸识别

14. 识别人脸后,在脸上画矩形,并且标出矩形的范围,如图 1-5-22 所示。

代码如下:

```
for (x,y,w,h) in smile:
    cv2.rectangle(img,(x,y),(x + w,y + h),(0,0,255),2)
    roi_gray = gray[y:y + h,x:x + w]
    roi_color = img[y:y + h,x:x + w]
```

15. 通过 detectMultiScale()函数进行微笑识别,如图 1-5-23 所示。

代码如下:

```
smile1 = smileCascade.detectMultiScale(
    roi_gray,
    scaleFactor = 1.16,
    minNeighbors = 35,
    minSize = (25,25),
    flags = cv2.CASCADE_SCALE_IMAGE
)
```

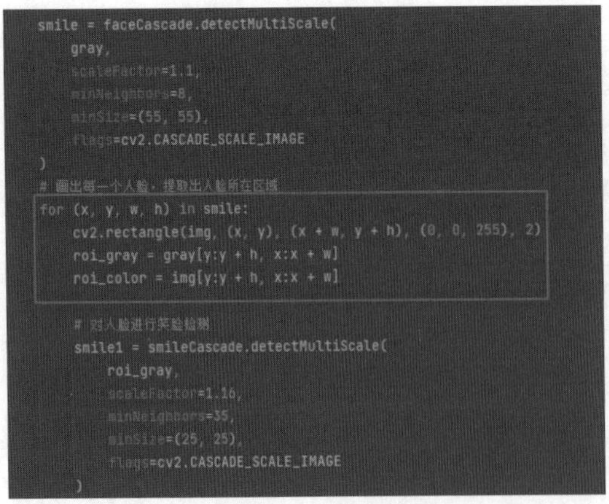

图 1-5-22　在脸上画矩形

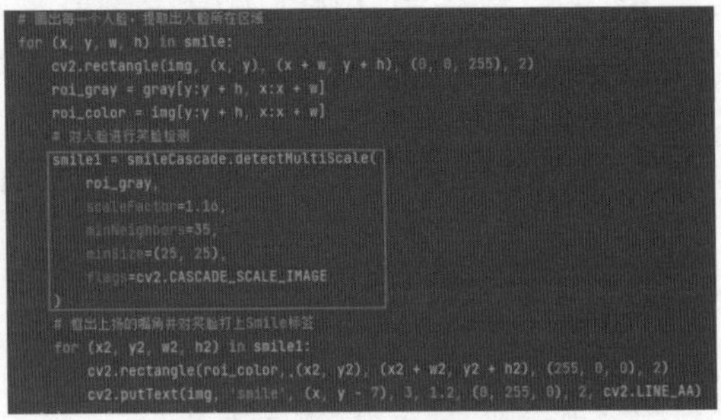

图 1-5-23　微笑识别

16.识别微笑后,在人脸微笑部分画矩形,如图 1-5-24 所示。

代码如下:

```
for (x2,y2,w2,h2) in smile1：
    cv2.rectangle(roi_color,(x2,y2),(x2 + w2,y2 + h2),(255,0,0),2)
    cv2.putText(img,'smile',(x,y - 7),3,1.2,(0,255,0),2,cv2.LINE_AA)
```

17.创建窗口、展示视频以及中断视频,如图 1-5-25 所示。

代码如下:

```
cv2.namedWindow("smile",cv2.WINDOW_NORMAL)
cv2.imshow('smile',img)
if cv2.waitKey(1) & 0xFF = = ord('q')：
    break
```

图 1-5-24　在人脸微笑部分画矩形　　　　图 1-5-25　创建窗口、展示视频以及中断视频

18.如果读取的视频帧不正常,将会自动停止运行,不会报错,如图 1-5-26 所示。

代码如下:

```
else：
    break
```

19.运行完成,释放所有视频,销毁所有窗口,如图 1-5-27 所示。

代码如下:

```
cap.release()
cv2.destroyAllWindows()
```

图 1-5-26　停止运行　　　　　　　　　图 1-5-27　释放视频并销毁窗口

20.右键点击"smile.py"文件,选择运行,如图 1-5-28 所示。运行结果如图 1-5-29 所示。

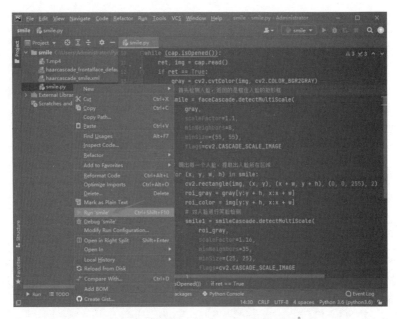

图 1-5-28　运行程序

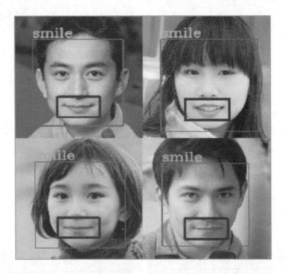

图 1-5-29　运行结果

项目小结

通过本项目的学习,可以了解本地视频读取以及微笑类型器的作用,同时能够学习到类型器的相关知识。笑脸识别程序的编写,可帮助学生提升编程能力和逻辑能力,掌握笑脸识别技术。

项目六　上半身识别

项目描述

上半身识别是通过 OpenCV-Python 库来进行的,库里面内置的一些方法可以准确识别人体的上半身。本项目的主要任务是识别出人体上半身并用线框标注出来。

知识目标

- 描述 cv2. cvtColor()函数的作用。
- 描述 detectMultiScale()函数的作用。

技能目标

- 掌握上半身识别的配置环境。
- 掌握上半身识别的编写程序。

相关知识

使用 OpenCV-Python 库进行上半身识别的准确率为 65% 左右,识别速度快,可以使用笔记本自带的前置摄像头进行自我上半身识别,也可以使用本地视频进行识别。通过本项目,学生可以了解 OpenCV-Python 库的用法、上半身模型、Python 循环语法以及对视频的处理,能够更加熟练地使用 PyCharm 软件、Anaconda 软件、cv2. cvtColor()函数和 detectMultiScale()函数。

一、cv2. cvtColor( )

cv2. cvtColor()函数是一个颜色空间转换函数,可以实现 RGB 颜色向 HSV、HSI 等颜色的空间转换,也可以转换为灰度图。

为什么要使用颜色空间转换函数呢? 这就要从图形色彩模式说起了。常用的图像色彩模式分为位图模式、灰度模式、RGB 模式、CMYK 模式。

位图模式是最基本的模式,它基本只有黑白两种颜色。如果要将一幅彩色图转换成黑白模式,则一般不能直接转换,需要首先将图像转换成灰度模式(图 1-6-1)。

灰度模式即使用单一色调来表示图像,与位图模式不同,不像位图只有 0 和 1,而是使用 256 级的灰度来表示图像。也就是说,灰度模式可以显示黑白之间的颜色,如图 1-6-2 所示。

图 1-6-1 灰度模式

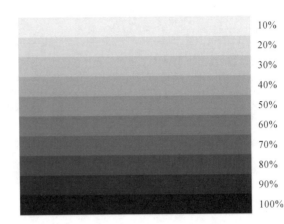

图 1-6-2 黑白之间

RGB 模式也称为真色彩模式，RGB 模式的图像有三个颜色通道，分别为红（R）、绿（G）和蓝（B），每个颜色通道占用 8 位一个字节来表示颜色信息，这样每个颜色的取值范围为 0～255，因此三种颜色就可以有多种组合。

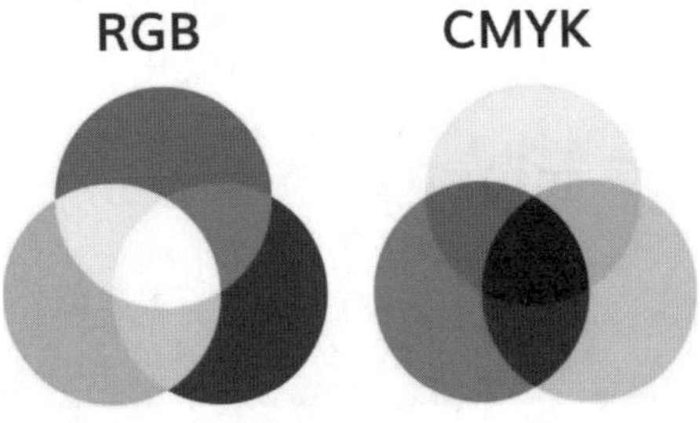

CMYK 模式也称为印刷色彩模式，主要用于印刷行业。它用的四个颜色分别是青色（C）、品红色（M）、黄色（Y）和黑色（K），如图 1-6-3 所示。

图 1-6-3 RGB 和 CMYK

为了方便处理数据，需要将图像统一转换成灰度模式，这样就不用为每一种颜色模式单独写一个处理函数了。

二、detectMultiScale( )

OpenCV-Python 库中识别检测使用的是 detectMultiScale( ) 函数。它可以利用 XML（extensible markup language，可扩展标记语言）模型来检测物体位置，并且标出物体的位置、范围和坐标等，从而能够使用矩形画出物体的范围，所以我们要借助这个函数来获得物体位置的范围和图像的坐标位置，如图 1-6-4 所示。

图 1-6-4 标出物体的位置

任务实施

任务一 设计简单的上半身识别

任务流程如图 1-6-5 所示。

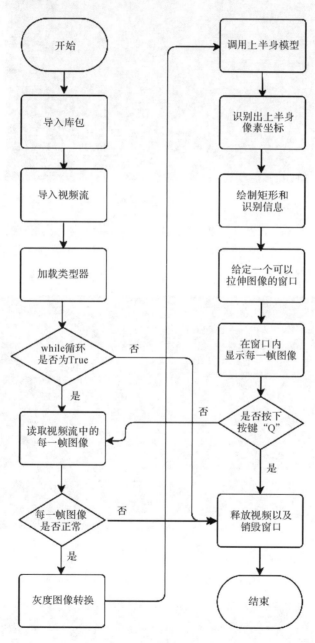

图 1-6-5 上半身识别任务流程

1. 打开 PyCharm 软件，创建一个新项目，依次点击"File"和"New Project"，如图 1-6-6 所示。

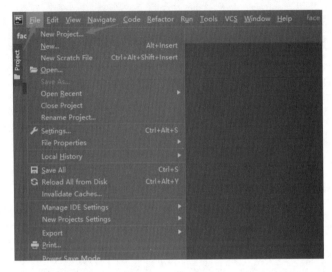

图 1-6-6　创建新项目

2. 项目可以自己命名，这里我们命名为"upperbody"，下面依次点击选择"Existing interpreter"和"Python 3.6"（该虚拟环境是在"人脸识别"项目中创建好的，可以继续使用），最后点击"Create"完成创建，如图 1-6-7 所示。

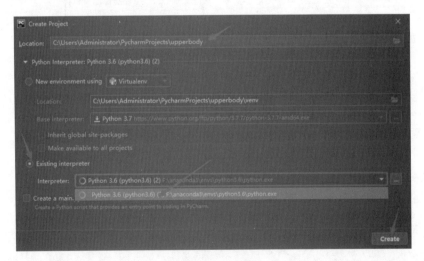

图 1-6-7　项目命名

3. 出现如下提示。这里我们选择"This Window"，如图 1-6-8 所示。

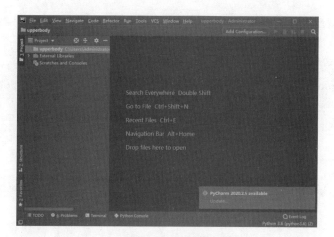

图 1-6-8　窗口选择

4. 准备创建一个"upperbody. py"文件。右键点击"upperbody"文件夹,选择"New",点击"Python File"(图 1-6-9),填写文件名"upperbody. py"(图 1-6-10),按回车键,创建完成(图 1-6-11)。

图 1-6-9　创建 Python 文件

图 1-6-10　命名 Python 文件

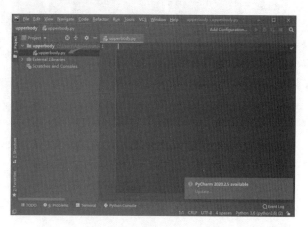

图 1-6-11　"upperbody. py"创建完成

5.在路径 D:\智能分析课程\项目\1.智能分析基础篇\6.上半身识别\upperbody(具体请使用自己存放的实验项目路径)中找到"1.mp4"和"haarcascade_upperbody.xml"这两个文件(图 1-6-12),复制;然后在 PyCharm 中右键点击"upperbody"文件夹,选择"Paste",粘贴到自己创建的"upperbody"文件夹中(图 1-6-13)。"1.mp4"文件是需要识别的素材(大家可以随意更换自己想要的素材),"haarcascade_upperbody.xml"文件是官方给出的用于上半身识别的模型,大家可以在下载的 cv2 库中获取。

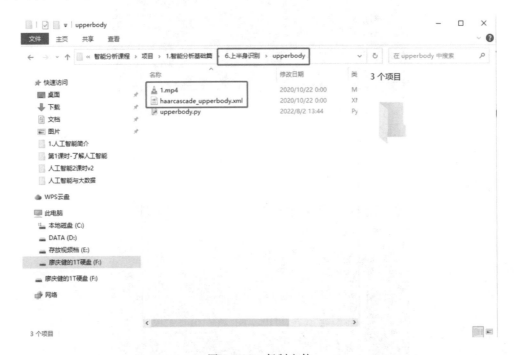

图 1-6-12 复制文件

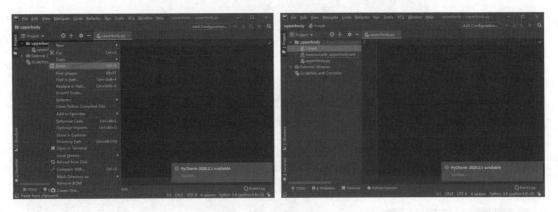

图 1-6-13 粘贴文件

6.导入 cv2 库,使用 import cv2,如图 1-6-14 所示。

代码如下:

```
import cv2
```

7.读取视频的路径,并赋予变量 cap,如图 1-6-15 所示。注意:如果想要使用网络视频流,需要使用实训中的海康摄像头设备,同时需要将 cv2.VideoCapture("1.mp4")中的本地路径换成 rtsp://admin:【摄像头密码】@【摄像头 ip】/Streaming/Channels/2。本次实训中使用本地视频流路径 cv2.VideoCapture("1.mp4")。

代码如下:

```
cap = cv2.VideoCapture("1.mp4")
```

图 1-6-14　使用 import cv2　　　　　　　　　图 1-6-15　赋予变量

8.导入识别人体上半身的类型器,识别类型器所在的路径,如图 1-6-16 所示。

代码如下:

```
upper = cv2.CascadeClassifier("haarcascade_upperbody.xml")
```

9.使用 while 循环,使用 cap.isOpened()函数判断视频是否正常打开,如图 1-6-17所示。

代码如下:

```
while(cap.isOpened()):
```

图 1-6-16　导入识别人体上半身的类型器　　　　图 1-6-17　判断视频是否正常打开

10.读取视频,如图 1-6-18 所示。参数 ret 表示是否读取到图片(True 或 False),参数frame 表示读取到的每一帧。

代码如下:

```
ret,frame = cap.read()
```

11. 判断视频是否正常读取，如图 1-6-19 所示。

代码如下：

```
if ret = = True：
```

图 1-6-18　读取视频

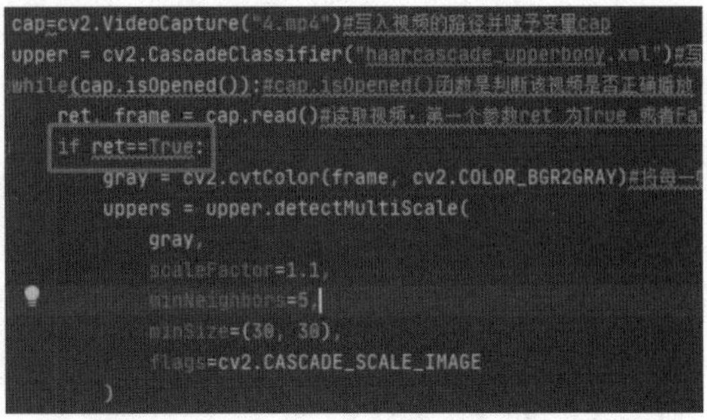

图 1-6-19　判断视频是否正常读取

12. 把图片转为灰度，如图 1-6-20 所示。

代码如下：

```
gray = cv2.cvtColor(frame,cv2.COLOR_BGR2GRAY)
```

13. 通过 detectMultiScale()函数进行上半身识别，如图 1-6-21 所示。

代码如下：

```
uppers = upper.detectMultiScale(
    gray,
    scaleFactor = 1.1,
    minNeighbors = 2,
    minSize = (30,30),
    flags = cv2.CASCADE_SCALE_IMAGE
)
```

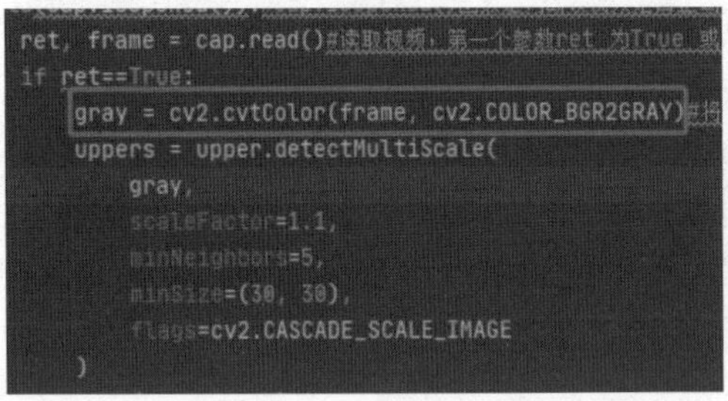

图 1-6-20　图片颜色转换

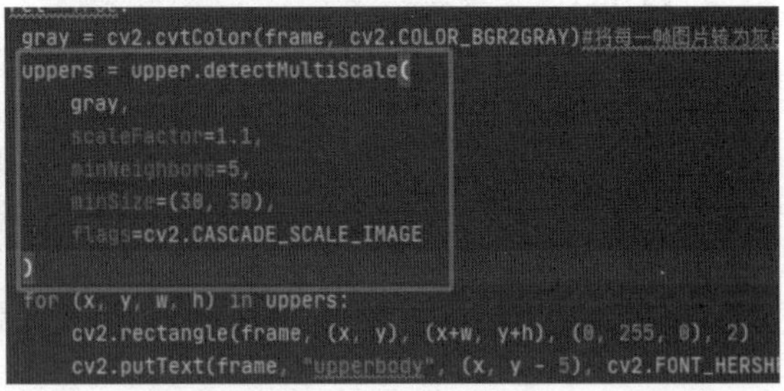

图 1-6-21　上半身识别

14. 识别上半身后，在图片上画矩形，如图 1-6-22 所示。

代码如下：

```
for (x,y,w,h) in uppers：
    cv2.rectangle(frame,(x,y),(x + w,y + h),(0,255,0),2)
```

```
cv2.putText(frame,"upperbody",(x,y - 5),cv2.FONT_HERSHEY_SIMPLEX,0.7,
            (0,255,0),2)
```

15.呈现视频并且等待视频播放,可以按"Q"键中断,如图 1-6-23 所示。

代码如下:

```
cv2.imshow('body',frame)

if cv2.waitKey(20) & 0xFF = = ord('q'):
    break
```

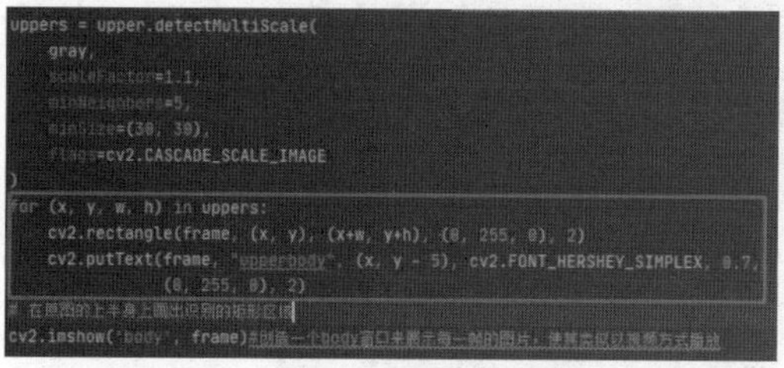

图 1-6-22　在图片上画矩形

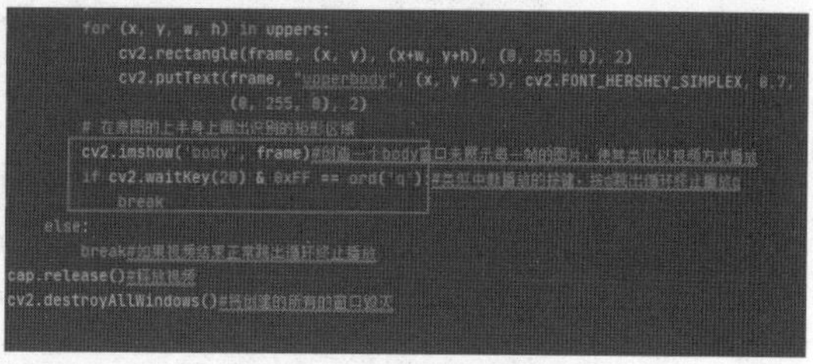

图 1-6-23　按"Q"中断

16.如果视频播放结束,或者出现意外中断,程序结束,如图 1-6-24 所示。

代码如下:

```
else:
    break
```

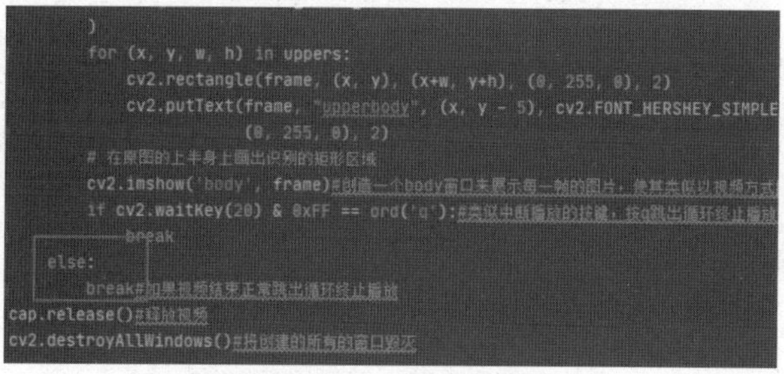

图 1-6-24　程序结束

17.释放所有视频,销毁所有窗口,如图 1-6-25 所示。

代码如下:

```
cap.release()

cv2.destroyAllWindows()
```

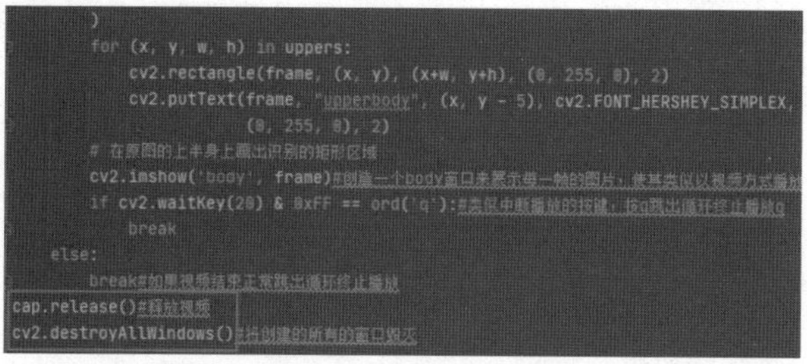

图 1-6-25　释放视频并销毁窗口

18. 右键点击"upperbody. py"文件,选择运行,如图 1-6-26 所示。运行结果如图 1-6-27 所示。

图 1-6-26　运行程序

图 1-6-27　运行结果

项目小结

通过本项目的学习,可以了解 cv2. cvtColor()函数以及 detectMultiScale()函数的作用,同时能够学习到颜色转换的相关知识。上半身识别程序的编写,可帮助学生提升编程能力和逻辑能力,掌握上半身识别技术。

项目七　左眼识别

■ 项目描述

左眼识别是基于人脸识别实现的。OpenCV-Python 库内部封装了识别左右眼的方法和函数，通过函数进行数据处理，就能实现对左右眼的识别。本项目的主要任务是识别左眼并进行线框标注。

■ 知识目标

- 描述 cv2. rectangle()函数的作用。
- 描述 cv2. putText()函数的作用。

■ 技能目标

- 掌握左眼识别的配置环境。
- 掌握左眼识别的编写程序。

■ 相关知识

使用 OpenCV-Python 库进行左眼识别的准确率为 75％左右，识别速度快，可以使用笔记本自带的前置摄像头进行左右眼识别，也可以使用本地视频进行识别。通过本项目，学生可以了解 OpenCV-Python 库的用法、左眼模型、Python 语法以及对视频的处理，能够更加熟练地使用 PyCharm 软件、Anaconda 软件、cv2. rectangle()函数和 cv2. putText()函数。

一、cv2. rectangle( )

cv2. rectangle()函数用于在图像上绘制一个简单的矩形(图 1-7-1)，它的内部参数依次为图片、长方形框左上角坐标、长方形框右下角坐标、字体颜色和字体粗细。例如在图上画长方形，坐标原点是图片左上角，向右为 x 轴正方向，向下为 y 轴正方向，建立坐标系。

图 1-7-1　目标检测识别

二、cv2. putText( )

cv2. putText()函数用于在图片上的特定位置书写文字(图 1-7-2),它的内部参数依次为图片、添加的文字、左上角坐标、字体、字体大小、颜色、字体粗细。其中字体大小参数的数值越大,字体越大;字体粗细参数的数值越大,字体越粗。

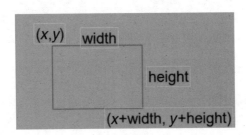

图 1-7-2　cv2. putText( )

任务实施

任务一　设计简单的左眼识别

任务流程如图 1-7-3 所示。

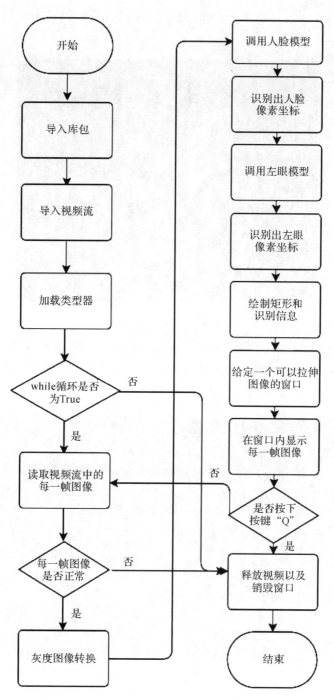

图 1-7-3　左眼识别任务流程

1.打开 PyCharm 软件，创建一个新项目，依次点击"File"和"New Project"，如图 1-7-4 所示。

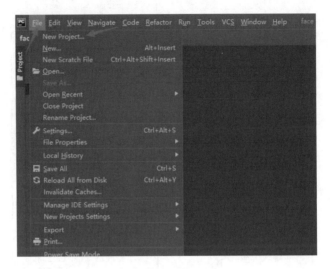

图 1-7-4　创建新项目

2.项目可以自己命名，这里我们命名为"lefteye"，下面依次点击选择"Existing interpreter"和"Python 3.6"（该虚拟环境是在"人脸识别"项目中创建好的，可以继续使用），最后点击"Create"完成创建，如图 1-7-5 所示。

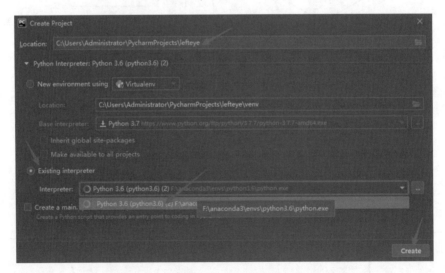

图 1-7-5　项目命名

3.出现如下提示。这里我们选择"This Window"，如图 1-7-6 所示。

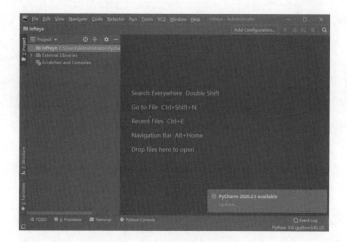

图 1-7-6　窗口选择

4.准备创建一个"lefteye. py"文件。右键点击"lefteye"文件夹,然后选择"New",点击"Python File"(图 1-7-7),填写文件名"lefteye. py"(图 1-7-8),按回车键,创建完成(图 1-7-9)。

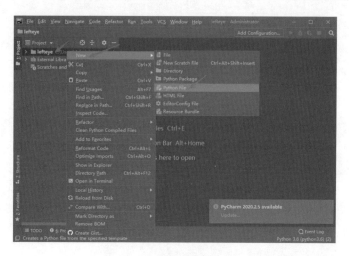

图 1-7-7　创建 Python 文件

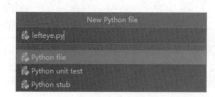

图 1-7-8　命名 Python 文件

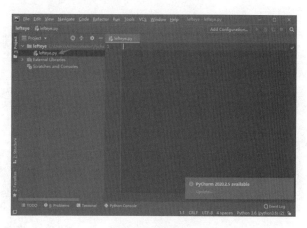

图 1-7-9　创建完成

5. 在路径 D:\智能分析课程\项目\1. 智能分析基础篇\7. 左眼识别\lefteye（具体请使用自己存放的实验项目路径）中找到"1. mp4""haarcascade_frontalface_default. xml"和"haarcascade_lefteye_2splits. xml"这三个文件（图 1-7-10），复制；然后在 PyCharm 中右键点击"lefteye"文件夹，选择"Paste"，粘贴到自己创建的"lefteye"文件夹中（图 1-7-11）。"1. mp4"文件是需要识别的素材（大家可以随意更换自己想要的素材），"haarcascade_frontalface_default. xml"文件是官方给出的用于人脸识别的模型，"haarcascade_lefteye_2splits. xml"文件是官方给出的用于左眼识别的模型，大家可以在下载的 cv2 库中获取。

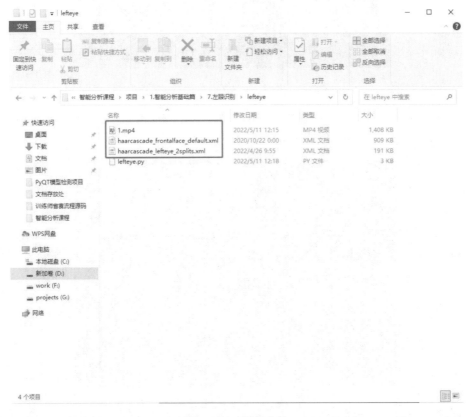

图 1-7-10　复制文件

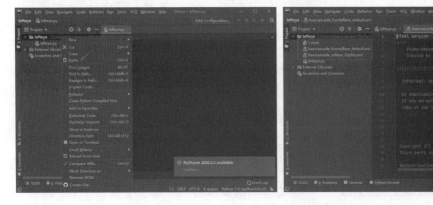

图 1-7-11　粘贴文件

6.导入 cv2 库,使用 import cv2,如图 1-7-12 所示。

代码如下:

```
import cv2
```

7.读取视频的路径,并赋予变量 cap,如图 1-7-13 所示。注意:如果想要使用网络视频流,需要使用实训中的海康摄像头设备,同时需要将 cv2.VideoCapture("1.mp4")中的本地路径换成 rtsp://admin:【摄像头密码】@【摄像头 ip】/Streaming/Channels/2。本次实训中使用本地视频流路径 cv2.VideoCapture("1.mp4")。

代码如下:

```
cap = cv2.VideoCapture("1.mp4")
```

图 1-7-12　使用 import cv2　　　　　　　　图 1-7-13　赋予变量

8.写入识别人脸类型器的路径并对 cv2.CascadeClassifier 函数进行处理,如图 1-7-14所示。

代码如下:

```
face_xml = cv2.CascadeClassifier('haarcascade_frontalface_default.xml')
```

9.写入识别左眼类型器的路径并对 cv2.CascadeClassifier 函数进行处理,如图 1-7-15所示。

代码如下:

```
a = cv2.CascadeClassifier("haarcascade_lefteye_2splits.xml")
```

图 1-7-14　写入识别人脸类型器的路径　　　　图 1-7-15　写入识别左眼类型器的路径

10.判断视频是否正常打开,然后循环每一帧,如图 1-7-16 所示。

代码如下：

```
while(cap.isOpened()):
```

11.读取视频,如图 1-7-17 所示。参数 ret 表示是否读取到图片(True 或 False),参数 frame 表示读取到的每一帧。

代码如下：

```
ret,frame = cap.read()
```

图 1-7-16 判断视频是否正常打开

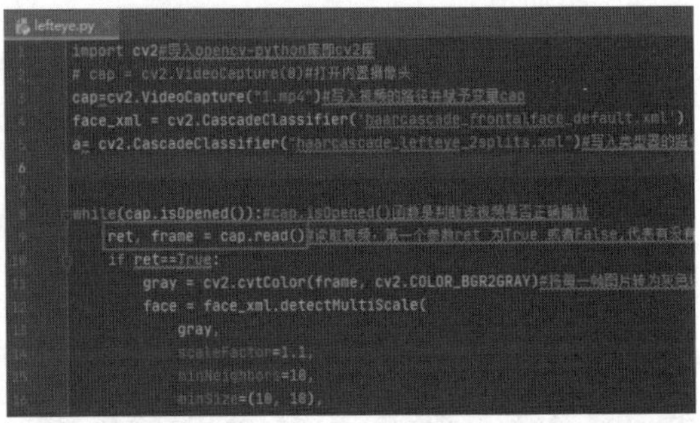

图 1-7-17 读取视频

12.首先识别出人脸部分,如图 1-7-18 所示。

代码如下：

```
if ret = = True：
    gray = cv2.cvtColor(frame,cv2.COLOR_BGR2GRAY)
    face = face_xml.detectMultiScale(
        gray,
        scaleFactor = 1.1,
        minNeighbors = 10,
        minSize = (10,10),
        flags = cv2.CASCADE_SCALE_IMAGE
)
```

13.在人脸上画框,如图 1-7-19 所示。

代码如下：

```
for (x,y,w,h) in face：
    cv2.rectangle(frame,(x,y),(x + w,y + h),(0,255,0),2)
    face_gray = gray[y:y + h,x:x + w]
    face_color = frame[y:y + h,x:x + w]
```

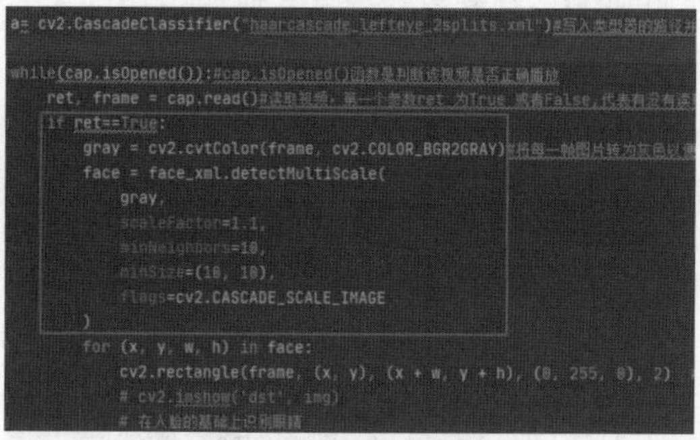

图 1-7-18　识别人脸

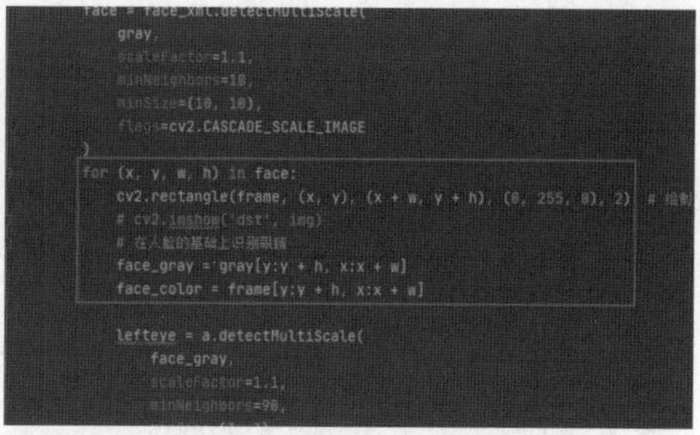

图 1-7-19　在人脸上画框

14.在识别人脸的部位之后，继续识别左眼，如图 1-7-20 所示。

代码如下：

```
lefteye = a.detectMultiScale(
    face_gray,
    scaleFactor = 1.1,
    minNeighbors = 90,
    minSize = (3,3),
    flags = cv2.CASCADE_SCALE_IMAGE
)
```

15.在左眼上画框，如图 1-7-21 所示。

代码如下：

```
for (x1,y1,w1,h1) in lefteye：
    cv2.rectangle(face_color,(x1,y1),(x1 + w1,y1 + h1),(255,0,0),2)
    cv2.putText (face_color,"lefteye",(x1,y1 - 5),cv2.FONT_HERSHEY_SIMPLEX,
        0.7,(0,0,255),2)
```

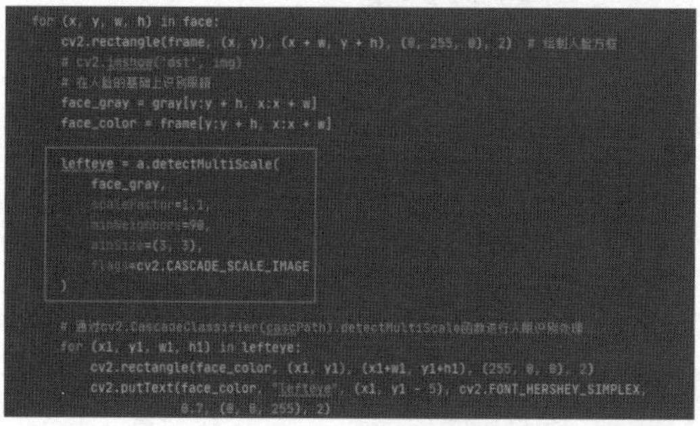

图 1-7-20　识别左眼

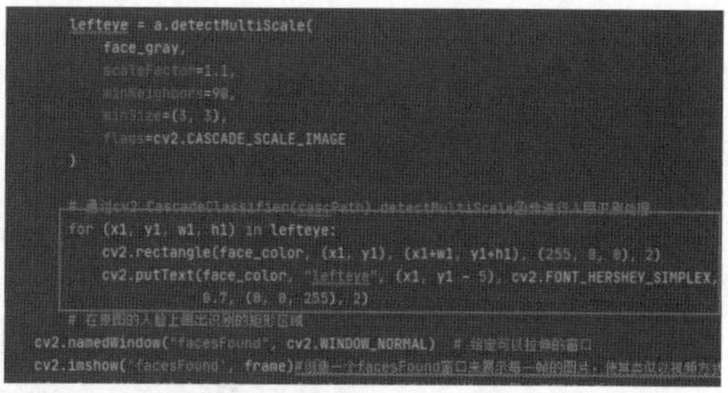

图 1-7-21　在左眼上画框

16.给定可拉伸的窗口，如图 1-7-22 所示。

代码如下：

```
cv2.namedWindow("facesFound",cv2.WINDOW_NORMAL)
```

17.创建一个"facesFound"窗口来展示每一帧的图片,使其以视频方式播放,如图 1-7-23 所示。

代码如下:

```
cv2.imshow('facesFound',frame)
if cv2.waitKey(1) & 0xFF = = ord('q'):
    break
```

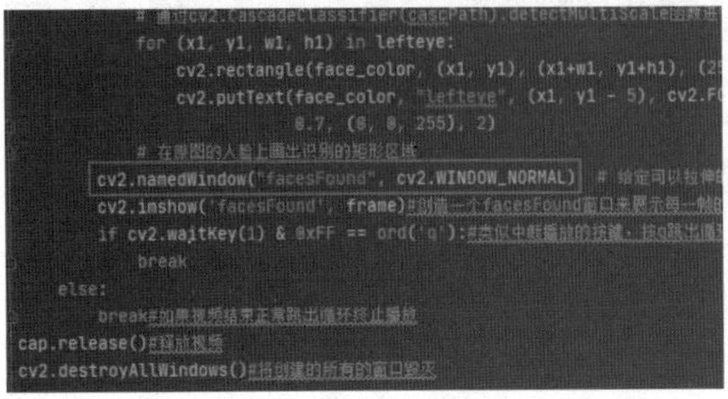

图 1-7-22　给定可拉伸的窗口

图 1-7-23　以视频方式播放

18.如果视频结束,跳出循环,终止播放,如图 1-7-24 所示。

代码如下:

```
else:
    break
```

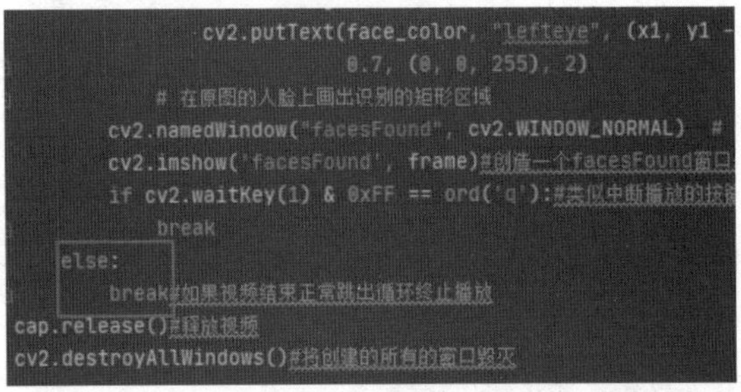

图 1-7-24　视频结束

19.释放视频并销毁窗口,如图 1-7-25 所示。

代码如下:

```
cap.release()
cv2.destroyAllWindows()
```

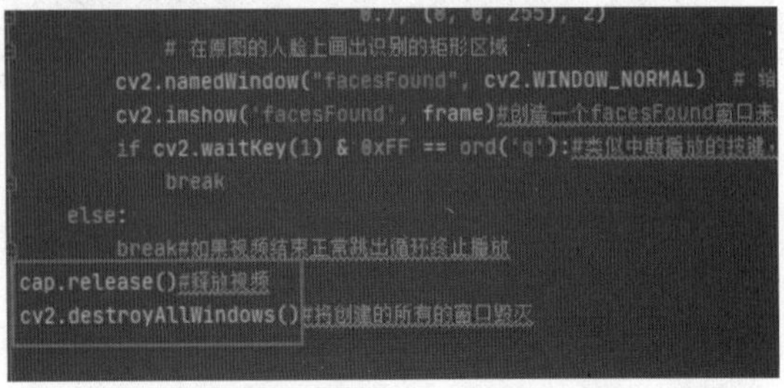

图 1-7-25　释放视频并销毁窗口

20.运行"left.py"程序,如图 1-7-26 所示。运行结果如图 1-7-27 所示。

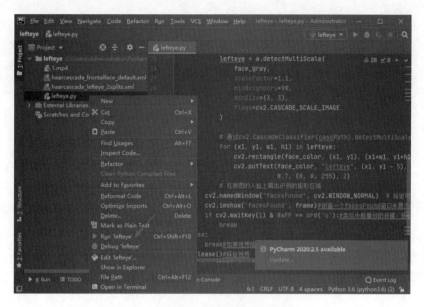

图 1-7-26　运行程序

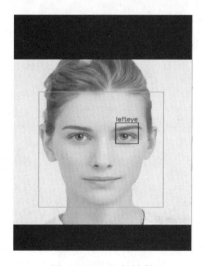

图 1-7-27　运行结果

项目小结

通过本项目的学习,可以了解 cv2.rectangle()函数以及 cv2.putText()函数的作用,同时能够学习到矩形标框的相关知识。左眼识别程序的编写,可帮助学生提升编程能力和逻辑能力,掌握左眼识别技术。

项目八　右眼识别

项目描述

右眼识别是基于人脸识别实现的。OpenCV-Python 库内部封装了识别左右眼的方法和函数，通过函数进行数据处理，就能实现对左右眼的识别。本项目的主要任务是识别右眼并进行线框标注。

知识目标

- 描述 cv2. imshow()函数的作用。
- 描述 cv2. waitKey()函数的作用。

技能目标

- 掌握右眼识别的配置环境。
- 掌握右眼识别的编写程序。

相关知识

一、cv2. imshow()

cv2. imshow()函数可以在窗口中显示图像，如图 1-8-1 所示。该窗口和图像的原始大小自适应（自动调整到原始尺寸）。cv2. imshow()函数内第一个参数是一个窗口名称（也就是对话框的名称），且该参数为字符串类型；第二个参数是图像。可以创建任意数量的窗口，但必须使用不同的窗口名称。

图 1-8-1　cv2.imshow()函数

二、cv2.waitKey()

cv2.waitKey()函数接口为 def waitKey(delay＝None)(图 1-8-2),用于不断刷新图像,延迟时间为 delay,单位为 ms,返回值为当前键盘按键值。

waitKey()在一个给定的时间内等待用户按键触发。如果用户没有按下键,则继续等待(循环)。常见的用法为 waitKey(0),它表示程序会无限制地等待。设置 waitKey(1)则代表延迟 1ms。显示视频时,延迟时间需要设置为大于 0 的参数,例如 waitKey(1000)表示延迟 1000ms。

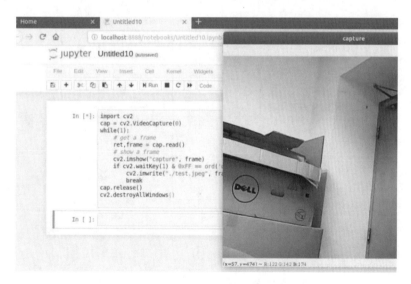

图 1-8-2　cv2.waitKey()接口

任务实施

任务一　设计简单的右眼识别

任务流程如图 1-8-3 所示。

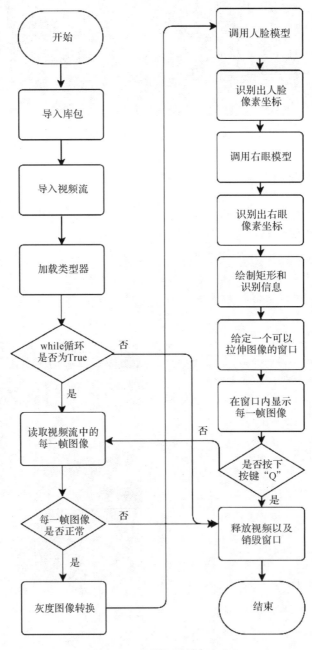

图 1-8-3　右眼识别任务流程

1. 打开 PyCharm 软件,创建一个新项目,依次点击"File"和"New Project",如图 1-8-4 所示。

图 1-8-4　创建新项目

2. 项目可以自己命名,这里我们命名为"righteye",下面依次点击选择"Existing interpreter"和"Python 3.6"(该虚拟环境是在"人脸识别"项目中创建好的,可以继续使用),最后点击"Create"完成创建,如图 1-8-5 所示。

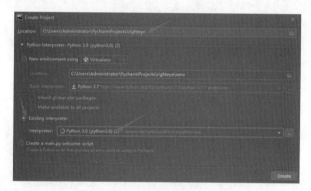

图 1-8-5　项目命名

3. 出现如下提示。这里我们选择"This Window"覆盖原先的窗口,如图 1-8-6 所示。

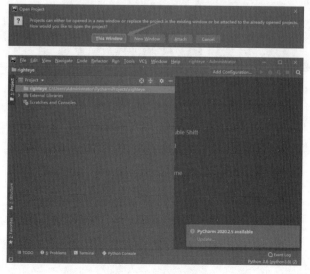

图 1-8-6　窗口选择

4.准备创建一个"righteye. py"文件。右键点击"righteye"文件夹,然后选择"New",点击"Python File"(图 1-8-7),填写文件名"righteye. py"(图 1-8-8),按回车键,创建完成(图 1-8-9)。

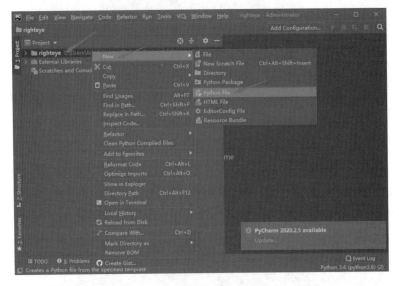

图 1-8-7　创建 Python 文件

图 1-8-8　命名 Python 文件　　　　　　　图 1-8-9　创建完成

5.在路径 D:\智能分析课程\项目\1.智能分析基础篇\8.右眼识别\righteye(具体请使用自己存放的实验项目路径)中找到"1. mp4""haarcascade_frontalface_default. xml"和"haarcascade_righteye_2splits. xml"这三个文件(图 1-8-10),复制;然后在 PyCharm 中右键点击"righteye"文件夹,选择"Paste",粘贴到自己创建的"righteye"文件夹中(图 1-8-11)。"1. mp4"文件是需要识别的素材(大家可以随意更换自己想要的素材),"haarcascade_frontalface_default. xml"文件是官方给出的用于人脸识别的模型,"haarcascade_righteye_2splits. xml"文件是用于右眼识别的模型,大家可以在下载的 cv2 库中获取。

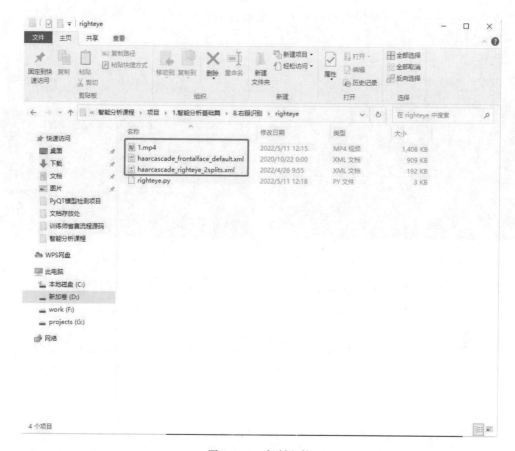

图 1-8-10　复制文件

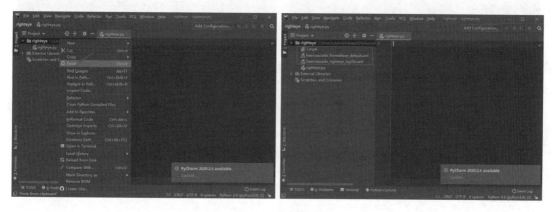

图 1-8-11　粘贴文件

6.导入 cv2 库,使用 import cv2,如图 1-8-12 所示。

代码如下:

```
import cv2
```

7.读取视频的路径,并赋予变量 cap,如图 1-8-13 所示。注意:如果想要使用网络视频流,需要使用实训中的海康摄像头设备,同时需要将 cv2. VideoCapture("1. mp4")中的本地路径换成 rtsp://admin:【摄像头密码】@【摄像头 ip】/Streaming/Channels/2。本次实训中使用本地视频流路径 cv2.VideoCapture("1.mp4")。

代码如下：

```
cap = cv2.VideoCapture("1.mp4")
```

图 1-8-12　使用 import cv2　　　　　　图 1-8-13　赋予变量

8.写入识别人脸类型器的路径并对 cv2.CascadeClassifier 函数进行处理,如图 1-8-14 所示。

代码如下：

```
face_xml = cv2.CascadeClassifier('haarcascade_frontalface_default.xml')
```

9.写入识别右眼类型器的路径并对 cv2.CascadeClassifier 函数进行处理,如图 1-8-15 所示。

代码如下：

```
b = cv2.CascadeClassifier("haarcascade_righteye_2splits.xml")
```

图 1-8-14　写入识别人脸类型器的路径　　　　图 1-8-15　写入识别右眼类型器的路径

10.判断视频是否正常打开,然后循环每一帧,如图 1-8-16 所示。

代码如下：

```
while(cap.isOpened()):
```

11.读取视频,如图 1-8-17 所示。参数 ret 表示是否读取到图片(True 或 False),参数 frame 表示读取到的每一帧。

代码如下：

```
ret,frame = cap.read()
```

图 1-8-16　判断视频是否正常打开

图 1-8-17　读取视频

12.首先识别出人脸部分,如图 1-8-18 所示。

代码如下:

```
if ret = = True：
    gray = cv2.cvtColor(frame,cv2.COLOR_BGR2GRAY)
    face = face_xml.detectMultiScale(
        gray,
        scaleFactor = 1.1,
        minNeighbors = 10,
        minSize = (10,10),
        flags = cv2.CASCADE_SCALE_IMAGE
    )
```

13.在人脸上画框,如图 1-8-19 所示。

代码如下:

```
for (x,y,w,h) in face：
    cv2.rectangle(frame,(x,y),(x + w,y + h),(0,255,0),2)
    face_gray = gray[y:y + h,x:x + w]
    face_color = frame[y:y + h,x:x + w]
```

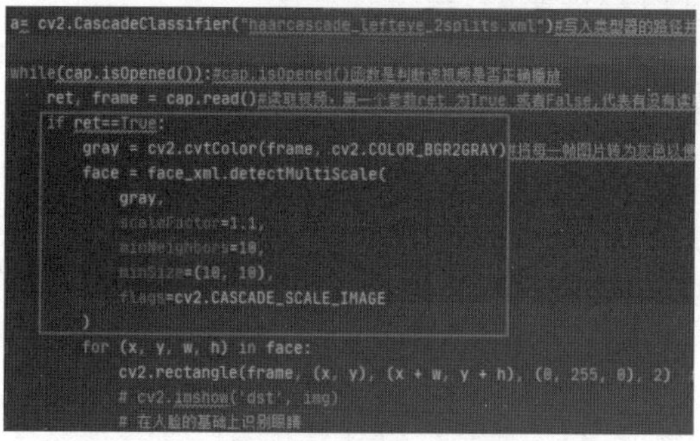

图 1-8-18　识别人脸

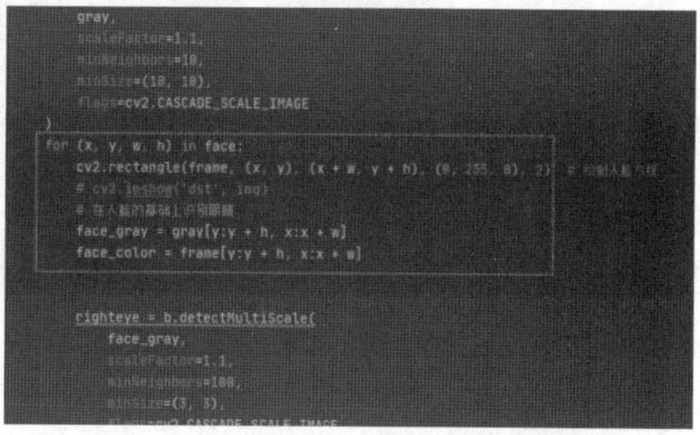

图 1-8-19　在人脸上画框

14.在识别人脸的部位之后,继续识别右眼,如图 1-8-20 所示。

代码如下:

```
righteye = b.detectMultiScale(
    face_gray,
    scaleFactor = 1.1,
    minNeighbors = 100,
    minSize = (3,3),
    flags = cv2.CASCADE_SCALE_IMAGE
)
```

15. 在右眼上画框,如图 1-8-21 所示。

代码如下:

```
for (x2,y2,w2,h2) in righteye:
    cv2.rectangle(face_color,(x2,y2),(x2 + w2,y2 + h2),(0,255,0),2)
    cv2.putText (face_color,"righteye",(x2,y2 - 5),cv2.FONT_HERSHEY_SIMPLEX,
                0.7,(0,255,0),2)
```

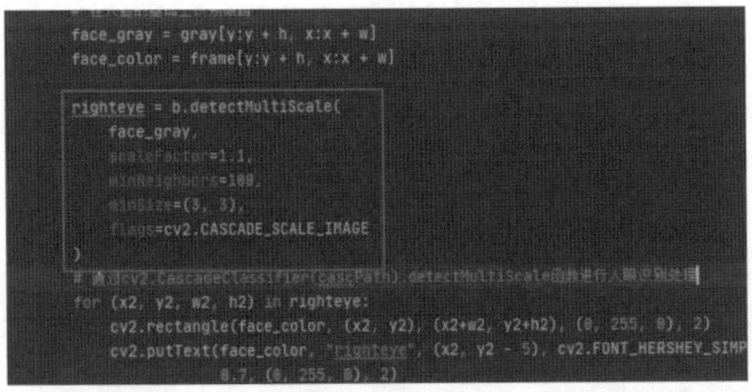

图 1-8-20 识别右眼

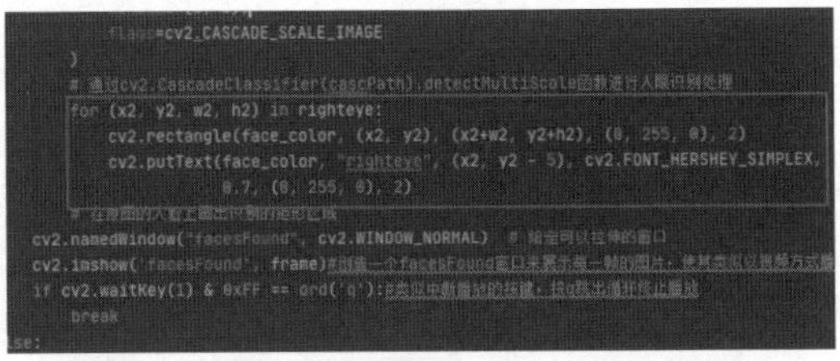

图 1-8-21 在右眼上画框

16. 给定可拉伸的窗口,如图 1-8-22 所示。

代码如下:

```
cv2.namedWindow("facesFound",cv2.WINDOW_NORMAL)
```

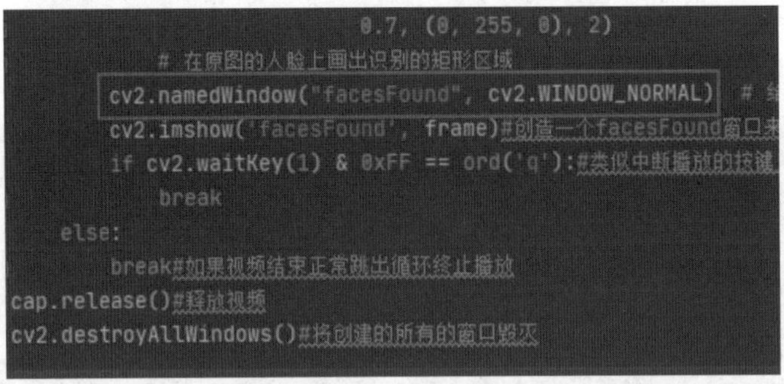

图 1-8-22 给定可拉伸的窗口

17. 创建一个"facesFound"窗口来展示每一帧的图片,使其以视频方式播放,如图 1-8-23 所示。

代码如下:

```
cv2.imshow('facesFound',frame)
```

```
if cv2.waitKey(1) & 0xFF = = ord('q'):
    break
```

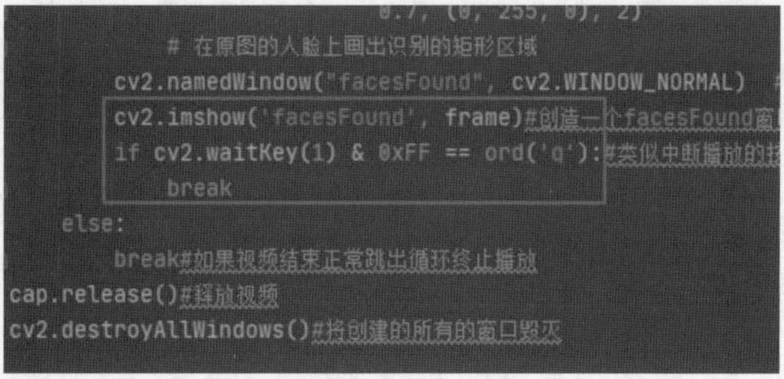

图 1-8-23 以视频方式播放

18. 如果视频结束，跳出循环，终止播放，如图 1-8-24 所示。

代码如下：

```
else：
    break
```

图 1-8-24 视频结束

19. 释放视频并销毁窗口，如图 1-8-25 所示。

代码如下：

```
cap.release()
cv2.destroyAllWindows()
```

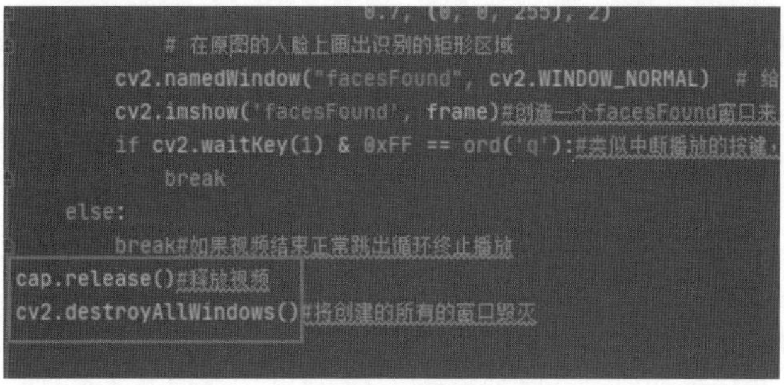

图 1-8-25 释放视频并销毁窗口

20. 运行"righteye. py"程序,如图 1-8-26 所示。运行结果如图 1-8-27 所示。

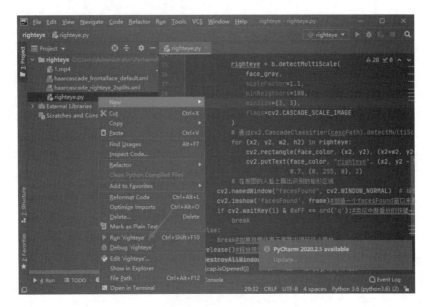

图 1-8-26　运行程序

图 1-8-27　运行结果

项目小结

通过本项目的学习,可以了解 cv2. imshow()函数以及 cv2. waitKey()函数的作用,同时能够学习到窗口显示的相关知识。右眼识别程序的编写,可帮助学生提升编程能力和逻辑能力,掌握右眼识别技术。

项目九　车牌识别

■ 项目描述

车牌识别需要用到数字识别和汉字识别。本项目的主要任务是识别图片中的车牌号并显示出来。

■ 知识目标

- 描述 HyperLPR 库的作用。
- 描述 Re 库的作用。

■ 技能目标

- 掌握车牌识别的配置环境。
- 掌握车牌识别的编写程序。

■ 相关知识

一、HyperLPR 库

HyperLPR 库是一个使用深度学习针对车牌识别的封装库。与较为流行的其他开源框架相比,它的检测速度、鲁棒性和多场景适应性都好于目前的开源框架。HyperLPR 可以识别多种中文车牌,包括白牌、新能源车牌、使馆车牌、教练车牌、武警车牌等(图 1-9-1)。它使用的目标检测器是 OpenCV Haar 级联分类器,车牌识别速度也达到了不错的效果,对于移动端的大车牌基本可以实时识别。

图 1-9-1　车牌识别

二、Re 库

Re 库又叫正则表达式匹配库,用于匹配固定字符串。本项目会用到 Re 库来分离识别度和识别到的车牌号码,并进行实时显示。Re 库各种函数说明如图 1-9-2 所示。

函数	说明
re.search()	在一个字符串中搜索匹配正则表达式的第一个位置,返回match对象
re.match()	从一个字符串的开始位置起匹配正则表达式,返回match对象
re.findall()	搜索字符串,以列表类型返回全部能匹配的子串
re.split()	将一个字符串按照正则表达式匹配结果进行分割,返回列表类型
re.finditer()	搜索字符串,返回一个匹配结果的迭代类型,每个迭代元素是match对象
re.sub()	在一个字符串中替换所有匹配正则表达式的子串,返回替换后的字符串

图 1-9-2　Re 库函数说明

任务实施

任务一　设计简单的车牌识别

任务流程如图 1-9-3 所示。

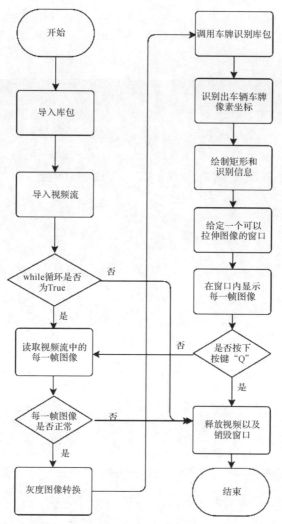

图 1-9-3　车牌识别任务流程

1. 打开 PyCharm 软件,创建一个新项目,依次点击"File"和"New Project",如图 1-9-4 所示。

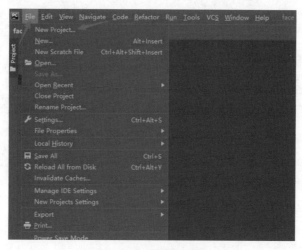

图 1-9-4　创建新项目

2.项目可以自己命名，这里我们命名为"license"，下面依次点击选择"Existing interpreter"和"Python 3.6"（该虚拟环境是在"人脸识别"项目中创建好的，可以继续使用），最后点击"Create"完成创建，如图 1-9-5 所示。

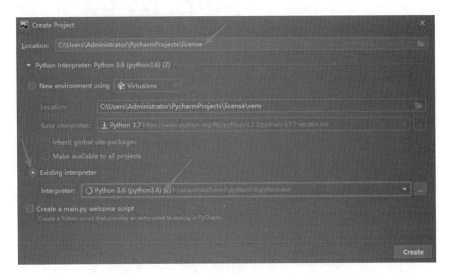

图 1-9-5　项目命名

3.出现如下提示。这里我们选择"This Window"覆盖原先的窗口，如图 1-9-6 所示。

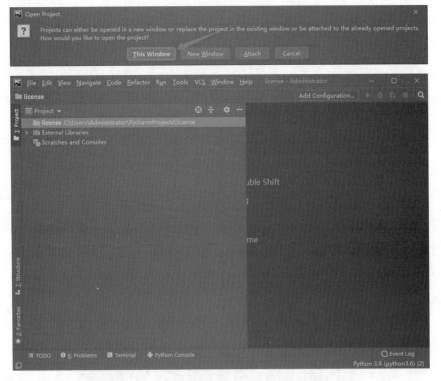

图 1-9-6　窗口选择

4. 准备创建一个"license. py"文件。右键点击"license"文件夹,然后选择"New",点击"Python File"(图 1-9-7),填写文件名"license. py"(图 1-9-8),按回车键,创建完成(图 1-9-9)。

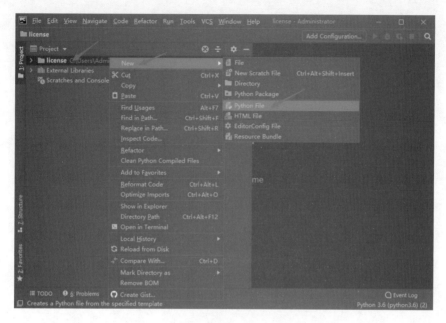

图 1-9-7　创建 Python 文件

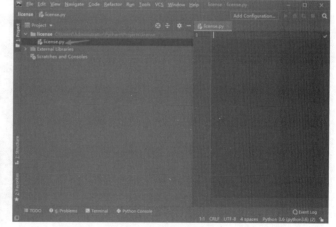

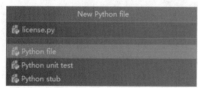

图 1-9-8　命名 Python 文件

图 1-9-9　创建完成

5. 在路径 D:\智能分析课程\项目\1. 智能分析基础篇\9. 车牌识别\license(具体请使用自己存放的实验项目路径)中复制"1. mp4"文件(图 1-9-10);然后在 PyCharm 中右键点击"license"文件夹,选择"Paste",粘贴到自己创建的"license"文件夹中(图 1-9-11)。

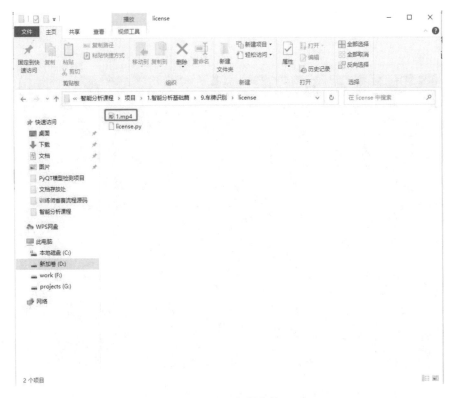

图 1-9-10　复制文件

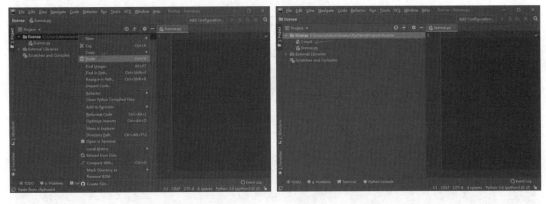

图 1-9-11　粘贴文件

6.在 PyCharm 软件中点击"Terminal"(图 1-9-12),打开路径 D:\智能分析课程\项目\1.智能分析基础篇\9.车牌识别\环境库(具体请使用自己存放的实验项目路径),如图 1-9-13 所示。在"Terminal"中输入命令,安装所有需要的 Python 库,如图 1-9-14 所示。

命令如下:

D:

cd D:\智能分析课程\项目\1.智能分析基础篇\9.车牌识别\环境库

pip install-r requirements.txt

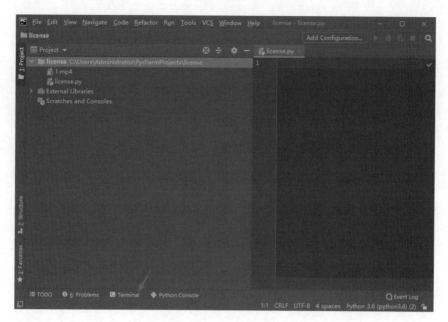

图 1-9-12　点击"Terminal"

图 1-9-13　打开路径

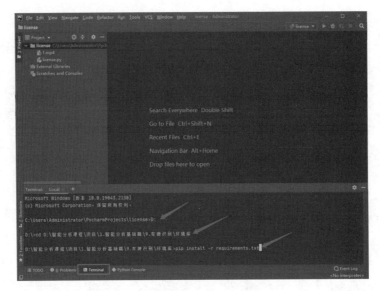

图 1-9-14　安装 Python 库

9.导入这四个库,如图 1-9-15 所示。

代码如下:

```
import hyperlpr
import cv2
import numpy as np
from PIL import ImageFont,ImageDraw,Image
```

10.定义 cv2AddChineseText()函数,目的是在图像上写出中文字符。该函数内的参数分别是图像、文本内容、像素位置、文本颜色和文本大小,如图 1-9-16 所示。

代码如下:

```
def cv2AddChineseText(img,text,position,textColor = (0,255,0),textSize = 30):
    if (isinstance(img,np.ndarray)):
        img = Image.fromarray(cv2.cvtColor(img,cv2.COLOR_BGR2RGB))
    draw = ImageDraw.Draw(img)
    fontStyle = ImageFont.truetype("simsun.ttc",textSize,encoding = "utf-8")
```

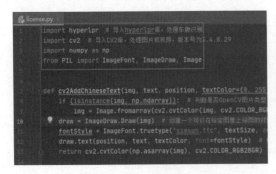

图 1-9-15　导入四个库

图 1-9-16　定义函数

```
draw.text(position,text,textColor,font = fontStyle)
return cv2.cvtColor(np.asarray(img),cv2.COLOR_RGB2BGR)
```

11.读取视频的路径,如图 1-9-17 所示。注意:如果想要使用网络视频流,需要使用实训中的海康摄像头设备,同时需要将 cv2.VideoCapture("1.mp4")中的本地路径换成 rtsp:// admin:【摄像头密码】@【摄像头 ip】/Streaming/Channels/2。本次实训中使用本地视频流路径 cv2.VideoCapture("1.mp4")。

代码如下:

```
mp4 = cv2.VideoCapture("1.mp4")
```

12.写一个 while 循环,判断视频是否正常打开,如图 1-9-18 所示。

代码如下:

```
while (mp4.isOpened()):
```

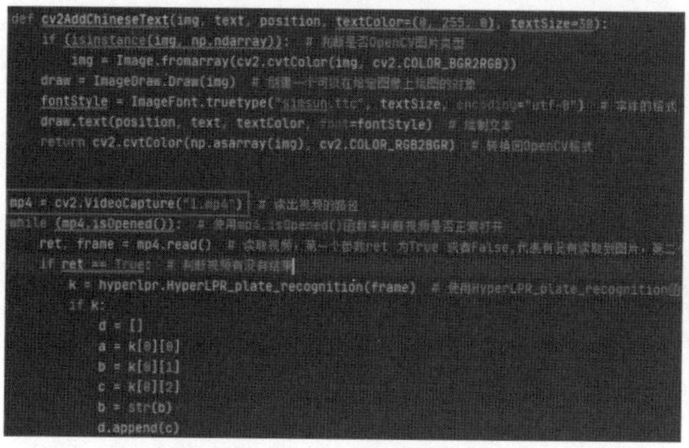

图 1-9-17　读取视频路径

图 1-9-18　判断视频是否正常打开

13.读取视频,如图 1-9-19 所示。参数 ret 表示是否读取到图片(True 或 False),参数 frame 表示读取到的每一帧。

代码如下:

```
ret,frame = mp4.read()
```

14.判断视频是否正常读取,如图 1-9-20 所示。

代码如下:

```
if ret == True:
```

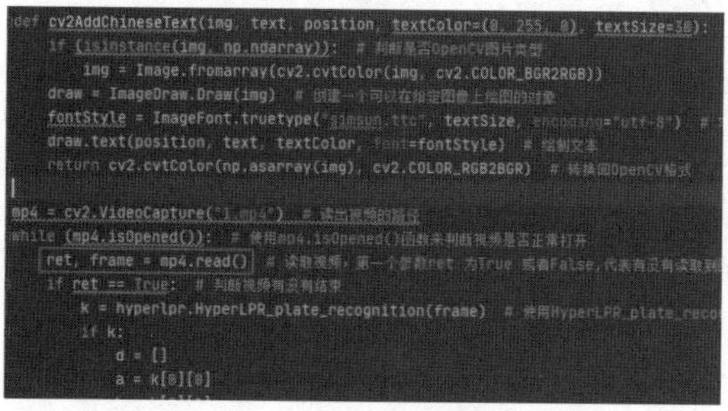

图 1-9-19　读取视频

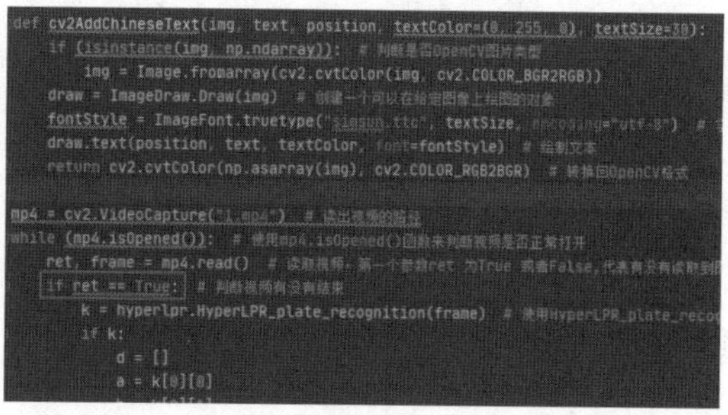

图 1-9-20　判断视频是否正常读取

15. 通过列表读取的方式，将车牌识别度、车牌号码以及车牌位置分开，如图 1-9-21 所示。

代码如下：

```
k = hyperlpr.HyperLPR_plate_recognition(frame)
if k:
    d = []
    a = k[0][0]
    b = k[0][1]
    c = k[0][2]
    b = str(b)
    d.append(c)
    print(a)
```

16. 在每一帧图片中都进行画图操作，标出车牌区域，同时将识别度和车牌号码写在左上角，如图 1-9-22 所示。

代码如下：

```
for (x,y,w,h) in d:
    cv2.rectangle(frame,(x,y),(w,h),(0,0,255),2)
    frame = cv2AddChineseText(frame,a,(x,y),(255,0,0),30)
    cv2.putText(frame,b,(x,y),cv2.FONT_HERSHEY_SIMPLEX,0.5,(0,0,255),2)
```

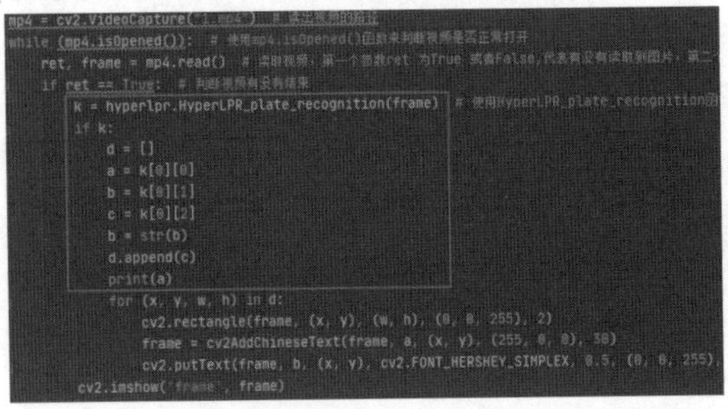

图 1-9-21　列表读取

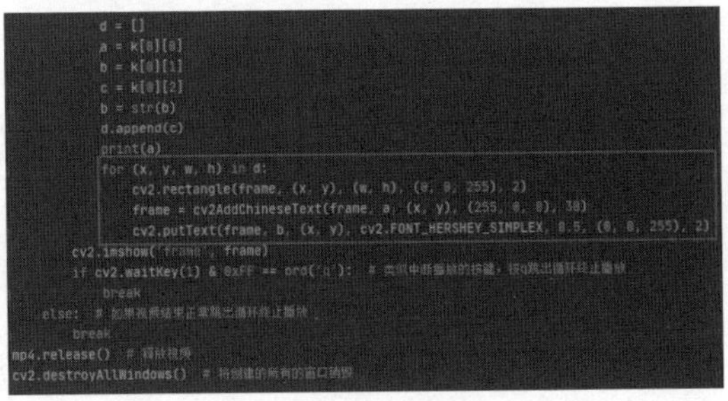

图 1-9-22　画图操作

17. 展示视频并做中断处理，如图 1-9-23 所示。

代码如下：

```
cv2.imshow('frame',frame)
if cv2.waitKey(1) & 0xFF == ord('q'):
    break
```

18. 如果视频结束，则跳出循环，如图 1-9-24 所示。

代码如下：

```
else:
    break
```

```
c = k[0][2]
b = str(b)
d.append(c)
print(a)
for (x, y, w, h) in d:
    cv2.rectangle(frame, (x, y), (w, h), (0, 0, 255), 2)
    frame = cv2AddChineseText(frame, a, (x, y), (255, 0, 0), 30)
    cv2.putText(frame, b, (x, y), cv2.FONT_HERSHEY_SIMPLEX, 0.5, (0, 0, 255
cv2.imshow('frame', frame)
if cv2.waitKey(1) & 0xFF == ord('q'):  # 类似中断播放的按键，按q跳出循环终止播放
    break
else:  # 如果视频结束正常跳出循环终止播放
    break
mp4.release()  # 释放视频
cv2.destroyAllWindows()  # 将创建的所有的窗口销毁
```

图 1-9-23　展示视频并做中断处理

```
print(a)
for (x, y, w, h) in d:
    cv2.rectangle(frame, (x, y), (w, h), (0, 0, 255), 2)
    frame = cv2AddChineseText(frame, a, (x, y), (255, 0, 0),
    cv2.putText(frame, b, (x, y), cv2.FONT_HERSHEY_SIMPLEX, (
cv2.imshow('frame', frame)
if cv2.waitKey(1) & 0xFF == ord('q'):  # 类似中断播放的按键，按q跳出循
    break
else:  # 如果视频结束正常跳出循环终止播放
    break
mp4.release()  # 释放视频
cv2.destroyAllWindows()  # 将创建的所有的窗口销毁
```

图 1-9-24　跳出循环

19. 释放视频并销毁窗口，如图 1-9-25 所示。

代码如下：

```
mp4.release()
cv2.destroyAllWindows()
```

```
d.append(c)
print(a)
for (x, y, w, h) in d:
    cv2.rectangle(frame, (x, y), (w, h), (0, 0, 255), 2)
    frame = cv2AddChineseText(frame, a, (x, y), (255, 0, 0), 30)
    cv2.putText(frame, b, (x, y), cv2.FONT_HERSHEY_SIMPLEX, 0.5, (
cv2.imshow('frame', frame)
if cv2.waitKey(1) & 0xFF == ord('q'):  # 类似中断播放的按键，按q跳出循环终止
    break
else:  # 如果视频结束正常跳出循环终止播放
    break
mp4.release()  # 释放视频
cv2.destroyAllWindows()  # 将创建的所有的窗口销毁
```

图 1-9-25　释放视频并销毁窗口

20. 运行"license. py"程序，如图 1-9-26 所示。运行结果如图 1-9-27 所示。

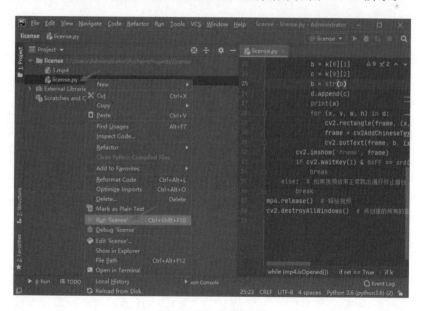

图 1-9-26　运行程序

图 1-9-27 运行结果

 项目小结

通过本项目的学习,可以了解 HyperLPR 库以及 Re 库的作用,同时能够学习到 Re 库用法的相关知识。车牌识别程序的编写,可帮助学生提升编程能力和逻辑能力,掌握车牌识别技术。

2 智能分析深度篇

项目一　TensorFlow

项目描述

TensorFlow 是深度学习框架之一，是一个端到端开源机器学习平台（图 2-1-1）。它拥有一个全面而灵活的生态系统，其中包含各种工具、库包和社区资源，可助力研究人员推动先进机器学习技术的发展，并使开发者能够轻松地构建和部署由机器学习提供支持的应用。本项目按照时间线分析了 TensorFlow 发展史及技术框架。

图 2-1-1　TensorFlow

知识目标

- 了解 TensorFlow 的应用。
- 了解 TensorFlow 发展史。
- 了解 TensorFlow 的 Python 库包应用。

技能目标

- 掌握使用 TensorFlow 库包调用 GPU 算力环境。
- 掌握使用 Python 的 TensorFlow 库包调用 GPU 算力。

相关知识

一、TensorFlow 发展史

2015 年前，TensorFlow 是由 Google 公司开发的一个机器学习框架，最初在谷歌大脑（Google Brain）团队内部使用，当时还叫作 DistBelief，主要用于构建一些常用的神经网络。DistBelief 于 2015 年宣布开源。DistBelief 最初用于构建各尺度下的神经网络分布式学习和交互系统，被称作第一代机器学习系统。2015 年以后，TensorFlow 形成，也就是第二代机器学习系统。

2019 年，TensorFlow 的 2.0 版本发布，TensorFlow 在生产的角度上逐渐趋于完备（图 2-1-2）。作为一个机器学习框架，TensorFlow 的工业设计比较完整，而且它的更新也在顺应时代潮流向前发展。

图 2-1-2　TensorFlow 发展史

TensorFlow 是一个开源的机器学习框架。我们可以使用 TensorFlow 快速构建神经网络，同时快捷地进行网络训练、评估与保存。它可以应用于语音识别、图像识别等多项深度学习及机器学习领域（图 2-1-3）。

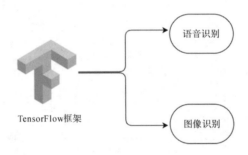

图 2-1-3　TensorFlow

二、TensorFlow 库包

TensorFlow 库包是 Python 的机器学习库，Python 的库包有很多，如 TensorFlow、NumPy、Django、Flask 等。我们知道章鱼有很多手，如果把 Python 比作章鱼的话，那么 TensorFlow 库包就是章鱼的一只手。

TensorFlow 库包是使用 Python 语言封装的，它是按照 TensorFlow 内部结构来编写的可以处理图像、视频和复杂向量的一个机器学习库。TensorFlow 库包存在很多版本，比如 1.13.1 版本 TensorFlow 库包的离线库名字是 tensorflow-1.13.1-cp36-cp36m-win_amd64. whl，它同时能够与其他库包相互配合。

由于 TensorFlow 库包存在时间长，系统内部结构比较完善，因此大多数使用 Python 编写的深度学习的项目都会使用到 TensorFlow 库包，这也就大大提高了深度学习项目的开发效率。Python 的 TensorFlow 库包如图 2-1-4 所示。

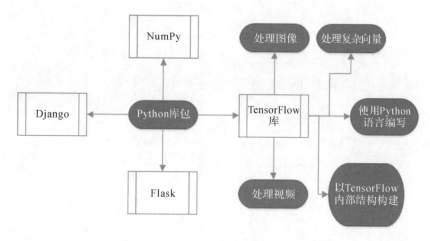

图 2-1-4　Python 的 TensorFlow 库包

三、TensorFlow 的应用

在实际的应用开发过程中，TensorFlow 支持各种类型的深度学习模型，包括卷积神经网络（convolutional neural network，CNN）、循环神经网络（recurrent neural network，RNN）和变换器等，因此广泛运用在计算机视觉、自然语言处理和语音识别等领域。TensorFlow 开发的具体应用场景有 Google 翻译、Magenta（利用机器学习创作艺术和谱写曲子）、TensorFlow YOLO 等，如图 2-1-5 所示。

图 2-1-5　TensorFlow YOLO

任务实施

任务一　简单调用 TensorFlow

任务流程如图 2-1-6 所示。

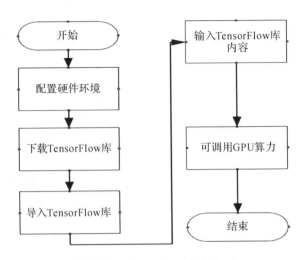

图 2-1-6　TensorFlow 任务流程

1. 首先测试 CUDA 10.0 环境是否安装完成。按 Windows＋R，输入"cmd"，打开命令窗口，输入命令"nvcc -V"，按回车键，出现如图 2-1-7 所示提示，说明 CUDA 10.0 环境已安装完成。

图 2-1-7　CUDA 环境检查

2. 打开 PyCharm 软件，创建一个新项目，依次点击"File"和"New Project"，如图 2-1-8 所示。

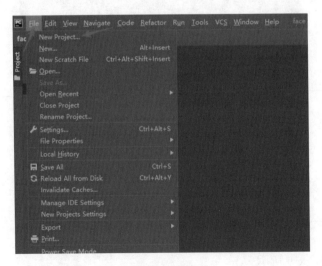

图 2-1-8　创建新项目

3.项目可以自己命名，这里我们命名为"TensorFlow"，下面依次点击选择"Existing interpreter"和"Python 3.6"（该虚拟环境是在"人脸识别"项目中创建好的，可以继续使用），最后点击"Create"完成创建，如图 2-1-9 所示。

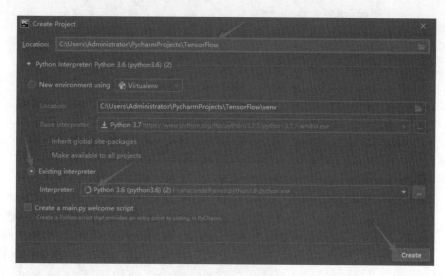

图 2-1-9　项目命名

4.出现如下提示。这里我们选择"This Window"，如图 2-1-10所示。

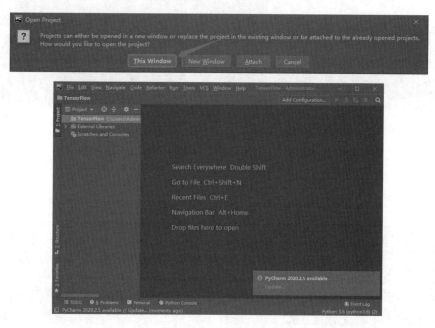

图 2-1-10　窗口选择

5.准备创建一个"TensorFlow. py"文件。右键点击"TensorFlow"文件夹，然后选择"New"，点击"Python File"（图 2-1-11），填写文件名"TensorFlow. py"（图 2-1-12），按回车键，创建完成（图 2-1-13）。

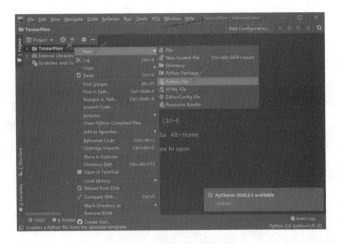

图 2-1-11　创建 Python 文件

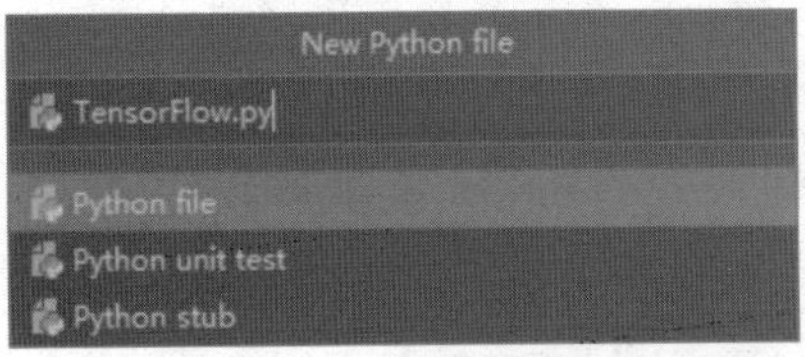

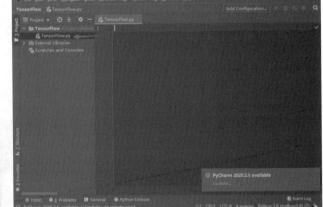

图 2-1-12　命名 Python 文件

图 2-1-13　创建完成

6. 在 PyCharm 软件中点击"Terminal"。如果是普通计算机下载 TensorFlow 普通库，使用命令"pip install tensorflow==1.13.1"（图 2-1-14）；如果是有显卡的高配计算机下载 TensorFlow 加速库，使用命令"pip install tensorflow-GPU==1.13.1"（图 2-1-15）。

图 2-1-14　TensorFlow 普通库

图 2-1-15　TensorFlow 加速库

7.在"TensorFlow.py"文件中编写代码,调用 TensorFlow 库包并判断是否调用了 GPU 算力,如图 2-1-16 所示。

代码如下:

```
import tensorflow as tf
print(tf)
print(tf.test.is_gpu_available())
```

8.右键点击"TensorFlow.py"并运行,如图 2-1-17 所示。

图 2-1-16　调用 GPU 算力代码

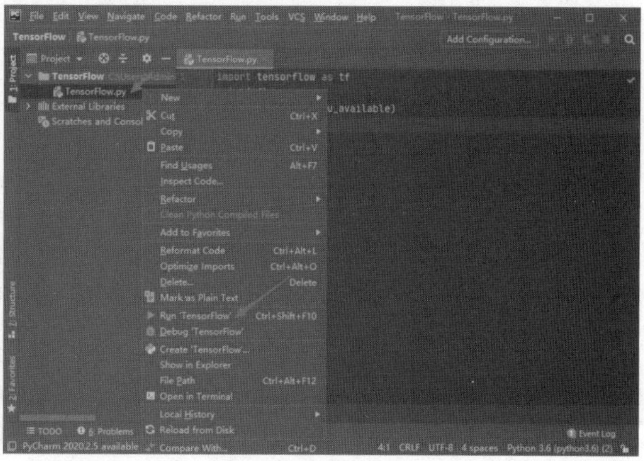

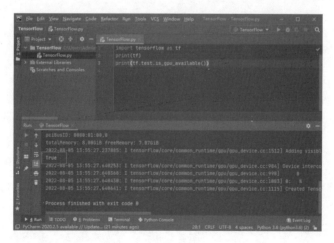

图 2-1-17　运行程序

9.运行后若出现"True",说明 TensorFlow 可以调用 GPU 算力,如图 2-1-18 所示。

图 2-1-18　运行结果

项目小结

通过本项目的学习,可以了解 TensorFlow 的应用以及 TensorFlow 发展史,同时能够学习到 TensorFlow 的 Python 库包的相关知识。简单调用 TensorFlow 程序的编写,可帮助学生提升编程能力和逻辑能力,掌握使用 TensorFlow 来调用 GPU 算力的技术。

项目二 PyTorch

📊 项目描述

本项目详细讲解了什么是 PyTorch(一种用于构建深度学习模型的框架),按照时间线分析了 PyTorch 发展史,以实际应用介绍了 PyTorch 的调用方法(图 2-2-1)。

📊 知识目标

图 2-2-1　PyTorch

- 了解 PyTorch 发展史。
- 了解 PyTorch 环境。

📊 技能目标

- 掌握使用 PyTorch 库包调用 GPU 算力环境。
- 掌握使用 Python 的 PyTorch 库包调用 GPU 算力。

📊 相关知识

一、PyTorch 发展史

2017 年 1 月 28 日,PyTorch 0.1 版本正式发布,这是 Facebook 公司在机器学习和科学计算工具 Torch 的基础上,针对 Python 语言发布的全新的深度学习工具包。

2017 年 7 月,Facebook 和微软宣布,推出开放的 ONNX(Open Neural Network Exchange,开放神经网络交换)格式。ONNX 为深度学习模型提供了一种开源格式,模型可以在不同深度学习框架下进行转换。

2017 年 8 月,PyTorch 0.2 版本发布,其中增加了分布式训练、高阶导数、自动广播法则等新特性。

2017 年 10 月,Intel(英特尔)、NVIDIA、AMD(超威半导体)、IBM、Qualcomm(高通)、ARM、联发科和华为等厂商纷纷加入 ONNX 阵营,ONNX 生态圈正式形成。ONNX 生态系统除了原本支持的开源软件框架 Caffe2、PyTorch 和 CNTK，也包含 MXNet 和 TensorFlow。PyTorch 是一套以研究为核心的框架，但是用 PyTorch 开发的算法模型可以通过 ONNX 转换，可用于其他主流深度学习框架。

2017 年 12 月，PyTorch 0.3 版本发布，性能得到改善，计算速度得到优化，同时一个重大的更新是模型转换，支持 DLPack、ONNX 格式，可以把 PyTorch 模型转换到 Caffe2、CoreML、CNTK、MXNet、TensorFlow 中。

2018 年 4 月 25 日，PyTorch 官方在 GitHub 上发布了 0.4.0 版本。新版本做了非常多的改进，其中最重要的改进是支持 Windows 系统。

2018 年 10 月 3 日，在首届 PyTorch 开发者大会上，Facebook 正式发布 PyTorch 1.0 预览版。PyTorch 1.0 框架主要迎来了三大更新：①添加了一个新的混合前端，支持从 Eager 模式到图形模式的跟踪和脚本模型，以弥合研究与生产部署之间的差距；②增加了经过改进的 torch. distributed 库，使得开发者可以在 Python 和 C++环境中实现更快的训练；③增加了针对关键性能研究的 Eager 模式 C++接口。在 PyTorch 1.0 版本中，Facebook 将现有 PyTorch 框架的灵活性与 Caffe2(2018 年 5 月宣布 Caffe2 并入 PyTorch)的生产能力结合，实现了从研究到 AI 研究产品化的无缝对接，如图 2-2-2 所示。

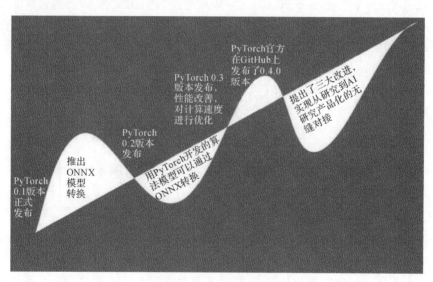

图 2-2-2　PyTorch 发展史

PyTorch 不仅能够实现强大的 GPU 加速，同时还支持动态神经网络。PyTorch 既可以被看作加入了 GPU 支持的 NumPy，同时也可以被看成一个拥有自动求导功能的强大的深度神经网络。

除了 Facebook 外，PyTorch 已经被 Twitter、卡耐基梅隆大学等机构采用。PyTorch 是相当简洁且高效快速的框架，其设计追求最少的封装，符合人类思维，让用户尽可能地专注于实现自己的想法。与 Google 的 TensorFlow 类似，FAIR 的支持足以确保 PyTorch 获得持续的开发更新，PyTorch 作者可亲自维护论坛供用户交流和求教问题，入门简单。PyTorch 与 TensorFlow 的区别如图 2-2-3 所示。

	PyTorch	**TensorFlow**
计算图分类	动态计算图	静态计算图
计算图定义	计算图在运行时定义	计算图需提前定义
调试	较简单，可用任何Python开发工具（例如：PyCharm）	较复杂，只能用专为Tensorflow开发的工具（例如：tfdbg）
可视化	支持Tensorboard	支持Tensorboard
数据并行	极其简单，只需一行代码	较复杂，需要手动配置
支持硬件	CPU, GPU	CPU, GPU
支持语言	Python, C++	Python, C++
开发公司	Facebook	Google

图 2-2-3　PyTorch 与 TensorFlow 的区别

二、PyTorch 环境

PyTorch 基础环境需要一台 PC 设备、一张高性能 NVIDIA 显卡（可选）、Windows 系统或 Ubuntu 系统。PyTorch 的安装十分简单，根据 PyTorch 官网，对系统选择和安装方式等灵活选择即可，如图 2-2-4 所示。

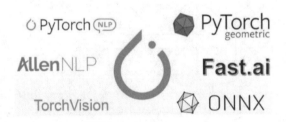

图 2-2-4　PyTorch 生态

三、PyTorch 优点

PyTorch 使用 Python 作为开发语言，使得开发者能接入广大的 Python 生态圈库包和软件。同时，在 PyTorch 开发中，数据处理类型类似数据计算包 NumPy 的矩阵类型，能够将图像转换成矩阵数据来进行处理，方便广大机器学习者进入深度学习这个新的领域。

目前大多数开源框架（比如 TensorFlow、Caffe2、CNTK、Theano 等）采用静态计算图，而 PyTorch 采用动态计算图。静态计算图要求对网络模型先定义再运行，一次定义、多次运行；动态计算图可以在运行过程中定义，在运行时构建，可以多次构建、多次运行。静态计算图的实现代码冗长，不直观；动态计算图的实现简洁优雅，直观明了。动态计算图的另一个显著优点为调试方便，可随时查看变量的值。由于模型可能会比较复杂，如果能直观地看到变量的值，就能够快速构建好模型。

PyTorch 的 API 设计简洁优雅，方便易用。PyTorch 的 API 设计思想来源于 Torch，Torch 的 API 设计以灵活易用而闻名，Keras 作者就是受 Torch 的启发而开发了 Keras。相比而言,TensorFlow 就复杂很多。

　　PyTorch 支持 ONNX 格式,补齐了最后一块短板——生产环境的部署。生产环境包括移动设备、嵌入式设备和云端设备。PyTorch 过于灵活,因此不太合适部署生产环境,也不适合大规模部署,但将深度学习应用部署到生产环境变得越来越重要,ONNX 的横空出世解决了这一难题。开发者可以用 PyTorch 做研究,然后通过 ONNX 转换为 Caffe2,部署生产环境。

任务实施

任务一　简单调用 PyTorch

　　任务流程如图 2-2-5 所示。

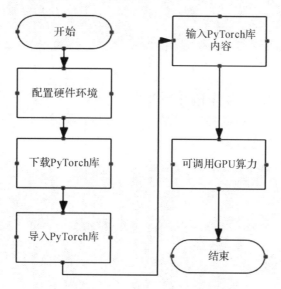

图 2-2-5　PyTorch 任务流程

　　1.首先测试 CUDA 10.0 环境是否安装完成。按 Windows+R,输入“cmd”,打开命令窗口,输入命令“nvcc -V”,按回车键,出现如图 2-2-6 所示提示,说明 CUDA 10.0 环境已安装完成。

图 2-2-6　CUDA 环境检查

2. 打开 PyCharm 软件,创建一个新项目,依次点击"File"和"New Project",如图 2-2-7 所示。

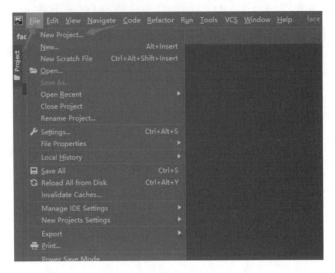

图 2-2-7　创建新项目

3. 项目可以自己命名,这里我们命名为"pytorch",下面依次点击选择"Existing interpreter"和"Python 3.6"(该虚拟环境是在"人脸识别"项目中创建好的,可以继续使用),最后点击"Create"完成创建,如图 2-2-8 所示。

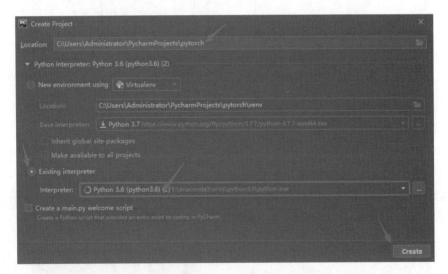

图 2-2-8　项目命名

4. 出现如下提示。这里我们选择"This Window",如图 2-2-9 所示。

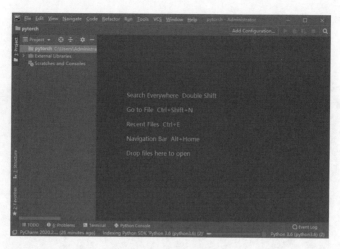

图 2-2-9　窗口选择

5. 准备创建一个"pytorch. py"文件。右键点击"pytorch"文件夹，然后选择"New"，点击
"Python File"(图 2-2-10)，填写"pytorch. py"(图 2-2-11)，按回车键，创建完成(图 2-2-12)。

图 2-2-10　创建 Python 文件

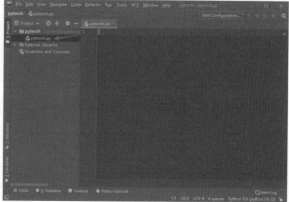

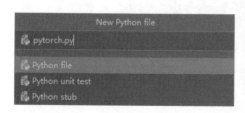

图 2-2-11　命名 Python 文件

图 2-2-12　创建完成

6. 在 PyCharm 软件中点击"Terminal",下载 PyTorch 库,使用命令"pip install torch=
==1.2.0 torchvision===0.4.0 -f https://download. pytorch. org/whl/torch_stable.
html",如图 2-2-13 所示。

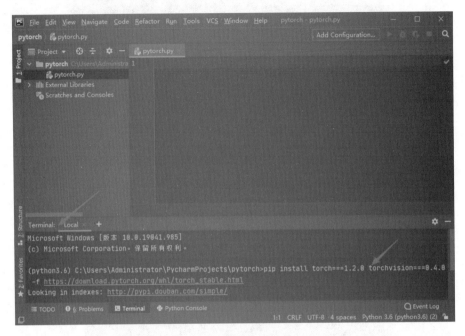

图 2-2-13 下载 PyTorch 库

7. 在"pytorch. py"文件中编写代码,调用 PyTorch 库并判断是否调用了 GPU 算力,如
图 2-2-14 所示。

代码如下：

```
import torch
print(torch)
print(torch.cuda.is_available())
```

图 2-2-14 调用 GPU 算力代码

8.右键点击"pytorch. py"并运行，如图 2-2-15 所示。

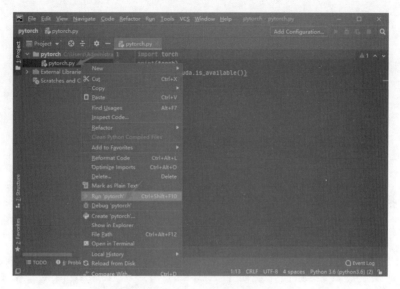

图 2-2-15　运行程序

9.运行后若出现"True"，说明 PyTorch 可以调用 GPU 算力，如图 2-2-16 所示。

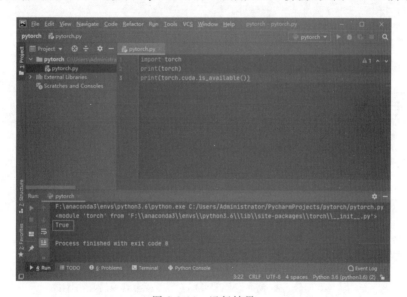

图 2-2-16　运行结果

项目小结

通过本项目的学习，可以了解 PyTorch 发展史以及 PyTorch 环境，同时能够学习到 PyTorch 在 Python 中应用的相关知识。简单调用 PyTorch 程序的编写，可帮助学生提升编程能力和逻辑能力，掌握使用 PyTorch 来调用 GPU 算力的技术。

项目三　Keras

项目描述

　　本项目详细讲解了什么是 Keras（一个由 Python 编写的开源人工神经网络库），按照时间线分析了 Keras 发展史，以实际操作说明了 Keras 的使用方法（图 2-3-1）。

图 2-3-1　Keras

知识目标

- 了解 Keras 发展史。
- 了解 Keras 工作方式。

技能目标

- 掌握 Keras 库包运行环境。
- 简单调用 Python 的 Keras 库包。

相关知识

一、Keras 发展史

　　2015 年，Keras 诞生。Keras 是 ONEIROS（Open-ended Neuro-Electronic Intelligent Robot Operating System，开放式神经电子智能机器人操作系统）项目研究工作的部分产物，其主要作者和维护者是 Google 工程师 Francois Chollet，他也是 Xception 深度神经网络模型的作者。

　　2017 年，Google 的 TensorFlow 团队决定在 TensorFlow 核心库中支持 Keras，Keras 成为第一个被添加到 TensorFlow 核心的高级别框架。Keras 从此成为 TensorFlow 的默认 API。

　　2017 年 3 月，Keras 迎来全新版本 Keras 2。

　　2017 年 6 月，微软发布了深度学习工具包 CNTK 的 2.0 版本，新版本增加了支持 Keras 的 CNTK 后端。

二、Keras 工作方式

Keras 是一个开放源码的高级深度学习程序库,使用 Python 编写,能够运行在 TensorFlow 或 Theano 之上。Keras 使用最少的程序代码、花费最少的时间就可以建立深度学习模型(图 2-3-2)。使用 TensorFlow 虽然可以完全控制各种深度学习模型的细节,但是需要编写更多的程序代码,花费更多时间进行开发。

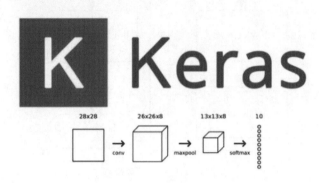

图 2-3-2　高效的 Keras

Keras 是一个模型级的深度学习链接库,主要用来管理模型的建立、训练、预测等。目前 Keras 提供了两种后端引擎:Theano 与 TensorFlow。Keras 程序员只需要专注于建立模型,至于底层操作细节,例如张量运算,Keras 会将其转化为 Theano 或 TensorFlow 相对指令。如果 Keras 用 TensorFlow 作为后端引擎,那么 Keras 将具备 TensorFlow 本身的优点,例如跨平台与执行性能(图 2-3-3)。

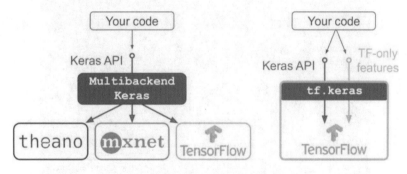

图 2-3-3　Keras 内部运行机制

任务实施

任务一　简单调用 Keras

任务流程如图 2-3-4 所示。

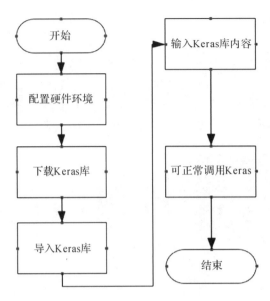

图 2-3-4　Keras 任务流程

1. 打开 PyCharm 软件，创建一个新项目，依次点击"File"和"New Project"，如图 2-3-5 所示。

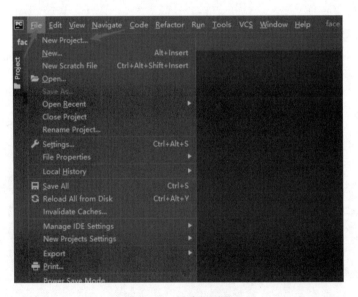

图 2-3-5　创建新项目

2. 项目可以自己命名，这里我们命名为"keras"，下面依次点击选择"Existing interpreter"和"Python 3.6"（该虚拟环境是在"人脸识别"项目中创建好的，可以继续使用），最后点击"Create"完成创建，如图 2-3-6 所示。

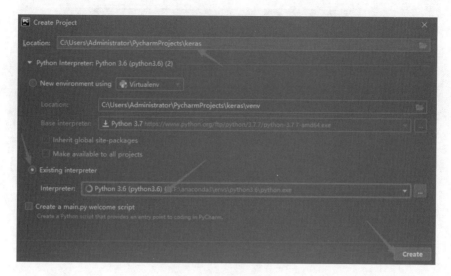

图 2-3-6　项目命名

3. 出现如下提示。这里我们选择"This Window",如图 2-3-7所示。

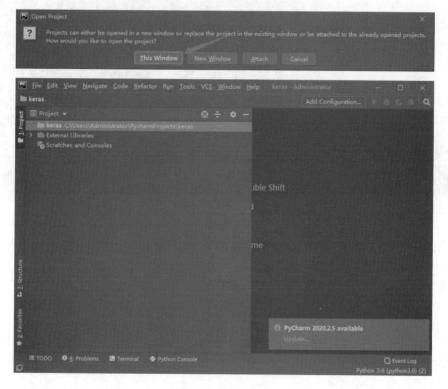

图 2-3-7　窗口选择

4. 准备创建一个"keras. py"文件。右键点击"keras"文件夹,然后选择"New",点击"Python File"(图 2-3-8),填写"keras. py"(图 2-3-9),按回车键,创建完成(图 2-3-10)。

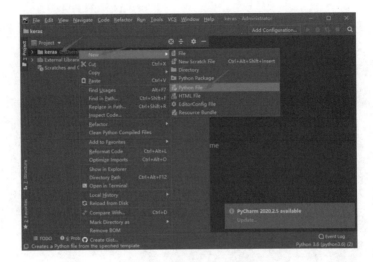

图 2-3-8　创建 Python 文件

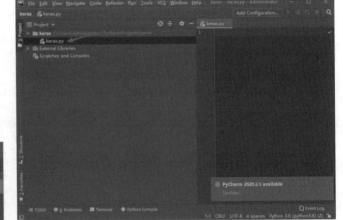

图 2-3-9　命名 Python 文件　　　　　　　　图 2-3-10　创建完成

5. 在 PyCharm 软件中点击"Terminal",下载 Keras 库,使用命令"pip install keras＝＝2.1.5",如图 2-3-11 所示。

6. 在"keras. py"文件中编写以下代码,调用 Keras 库并判断是否调用成功,如图 2-3-12 所示。

代码如下:

```
import keras
if keras:
    print("True")
else:
    print("False")
```

图 2-3-11 下载 Keras 库

图 2-3-12 调用 Keras 库代码

7.右键点击"keras.py"并运行,如图 2-3-13 所示。

8.运行后若出现两个"True",说明 Keras 调用成功,如图 2-3-14 所示。

图 2-3-13 运行程序

图 2-3-14 运行结果

项目小结

通过本项目的学习,可以了解 Keras 发展史以及 Keras 工作方式,同时能够学习到 Keras 在 Python 中应用的相关知识。简单调用 Keras 程序的编写,可帮助学生提升编程能力和逻辑能力,掌握使用 Keras 库的技术。

项目四 keras-yolov3 框架

项目描述

本项目详细介绍了 Keras 与 TensorFlow 密不可分的关系以及 keras-yolov3 框架的优点,同时讲解了如何使用下载的预训练模型来运行 keras-yolov3 框架,从而识别出视频中特定的物体。

知识目标

- 了解 Keras 与 TensorFlow 的关系。
- 了解 keras-yolov3 框架的优点。

技能目标

- 熟练地搭建 keras-yolov3 框架的运行环境。
- 熟练地使用预训练模型来运行 keras-yolov3 框架并且识别一定区域内的特定物体。

相关知识

一、基于 TensorFlow 的 YOLOV3

YOLOV3 算法没有太多的创新,在精度方面较为领先,在速度方面依然借用了 YOLO 原始的算法,所以速度并没有提升多少。在基于 TensorFlow 的 YOLOV3 算法框架中,YOLOV3 通过 TensorFlow 训练海量的数据集,最终生成识别度高、速度快的静态模型。在实际运行效果中,YOLOV3 识别效果比之前的 YOLO 算法好了很多,前者的精度是后者的好几倍;在速度效果中,需要使用 GPU 算力才能达到 YOLO 算法的水平,在调用 GPU 算力后,能够达到实时的效果场景检测。

使用 TensorFlow 的 YOLOV3 训练的目标检测静态模型,可以很方便地转化成其他静态模型,比如在树莓派上运行的微型静态模型、在安卓手机上运行的目标检测模型等。但基于 TensorFlow 的 YOLOV3 算法框架有一个难点,那就是标注的数据集需要的数据量巨大,一般需要至少 1 万张数据集才能训练出一个很好的模型。这就需要人工提前花大量时间去准备充足的数据来进行标注,生成数据集,最后供给机器去训练学习生成 YOLOV3 的目标检测静态模型。目前我们的算法在不断地进步，最终的动态模型会克服这一缺点。

二、基于 PyTorch 的 YOLOV3

在基于 PyTorch 的 YOLOV3 算法框架中，通过 PyTorch 深度学习计算可以提高图片识别率，通过内部的神经网络算法，对每一张图片的场景和物体进行更加深度的学习，这就使得 YOLOV3 可以使用更少量的数据集来训练出更精确的目标检测模型。同时，基于 PyTorch 的 YOLOV3 生成的目标检测模型是动态模型，比静态模型的识别精度更高；在速度方面同样领先于基于 TensorFlow 的 YOLOV3 算法框架，使实时画面看起来更流畅。

基于 PyTorch 的 YOLOV3 算法框架生成的动态模型不易转化成其他可识别的微型静态模型，所以在很多时候，一次训练出的模型只能使用该框架进行目标检测，而不能放在其他框架中进行再次检测，这是它的缺点。但是从整体上看，基于 PyTorch 的 YOLOV3 算法框架的精度和速度均有所提升，大大改良了 YOLOV3 的识别效果。与其他框架一样，它也必须使用 GPU 算力才能进行画面的实时识别，当没有调用 GPU 算力进行目标检测时，速度也会非常慢。

三、Keras 与 TensorFlow 的关系

Keras 可以被看作是 TensorFlow 的一个外设接口，Keras 是前端，而 TensorFlow 是后端，两者互为前后端，密不可分。Keras 是由纯 Python 编写而成的高层神经网络 API，仅支持 Python 开发。

Keras 的核心数据结构是模型。模型是用来组织网络层的方式。模型有两种：Sequential 模型是一系列网络层按顺序构成的栈，是单输入和单输出的，层与层之间只有相邻关系，是最简单的一种模型；而 Model 模型则用来建立更复杂的模型。

目前 Keras 已经被 TensorFlow 收录，成为其默认的框架，成为 TensorFlow 官方的高级 API。在 Python 库包中，Keras 和 TensorFlow 库包是需要搭配使用的，Keras 的版本号需要匹配对应的 TensorFlow 库包版本号，如图 2-4-1 所示。

Framework	Env name (--env parameter)	Description	Docker Image	Packages and Nvidia Settings
TensorFlow 1.14	tensorflow-1.14	TensorFlow 1.14.0 + Keras 2.2.5 on Python 3.6.	floydhub/tensorflow	TensorFlow-1.14
TensorFlow 1.13	tensorflow-1.13	TensorFlow 1.13.0 + Keras 2.2.4 on Python 3.6.	floydhub/tensorflow	TensorFlow-1.13
TensorFlow 1.12	tensorflow-1.12	TensorFlow 1.12.0 + Keras 2.2.4 on Python 3.6.	floydhub/tensorflow	TensorFlow-1.12
	tensorflow-1.12:py2	TensorFlow 1.12.0 + Keras 2.2.4 on Python 2.	floydhub/tensorflow	
TensorFlow 1.11	tensorflow-1.11	TensorFlow 1.11.0 + Keras 2.2.4 on Python 3.6.	floydhub/tensorflow	TensorFlow-1.11
	tensorflow-1.11:py2	TensorFlow 1.11.0 + Keras 2.2.4 on Python 2.	floydhub/tensorflow	
TensorFlow 1.10	tensorflow-1.10	TensorFlow 1.10.0 + Keras 2.2.0 on Python 3.6.	floydhub/tensorflow	TensorFlow-1.10
	tensorflow-1.10:py2	TensorFlow 1.10.0 + Keras 2.2.0 on Python 2.	floydhub/tensorflow	
TensorFlow 1.9	tensorflow-1.9	TensorFlow 1.9.0 + Keras 2.2.0 on Python 3.6.	floydhub/tensorflow	TensorFlow-1.9

图 2-4-1　Keras 与 TensorFlow 库包匹配版本号

四、keras-yolov3 框架

keras-yolov3 框架是基于 TensorFlow 的 YOLOV3 算法框架,它包括输入层、卷积层、输出层和融合层。在输入层将标注好的数据集输入到算法中,将数据集转化成数组和数据,通过卷积层对这些数据进行卷积处理,即像生物神经细胞中的神经元一样对不同特征点层层递进地学习,学习完成之后会通过不同尺寸的输出层,进入融合层,对大小不一的特征点进行融合,最终生成一个能够识别特定物体的文件,我们称之为检测模型。最后我们可利用 keras-yolov3 框架和检测模型来对不同环境下的特定物体进行检测和识别。

keras-yolov3 框架优点如下:

①整个网络削减了一部分结构,减少了特征识别的时间;

②图像经过检测算法部分时输出的特征图缩小至 1/32,大大减少了特征点的数据量;

③keras-yolov3 有三个输出层,这在不同尺寸的特征图中做输出,然后加入特征层的融合,最后输出的是平均特征值,这大大提升了识别的精确度,如图 2-4-2 所示。

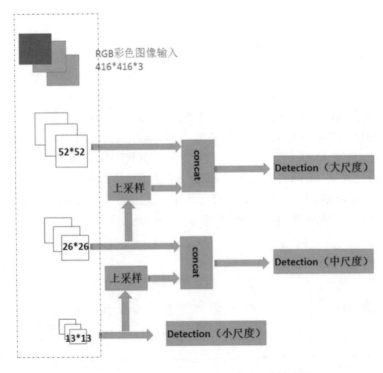

图 2-4-2　keras-yolov3 的三个不同尺寸输出层

任务实施

任务一　运行 keras-yolov3 框架

任务流程如图 2-4-3 所示。

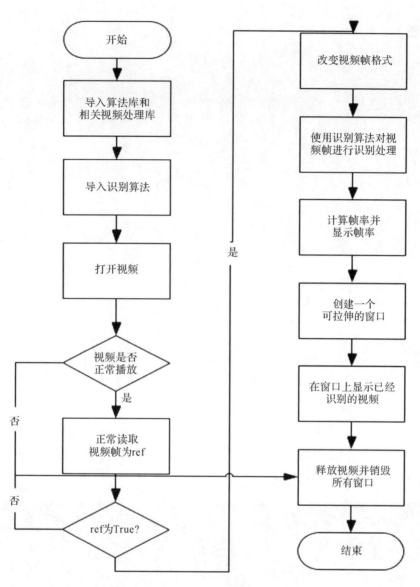

图 2-4-3 keras-yolov3 框架任务流程

1. 打开路径 D:\智能分析课程\项目\2.智能分析深度篇\4.keras-yolo3 框架（具体请使用自己存放的实验项目路径），找到"kera-yolo3"文件，如图 2-4-4 所示。

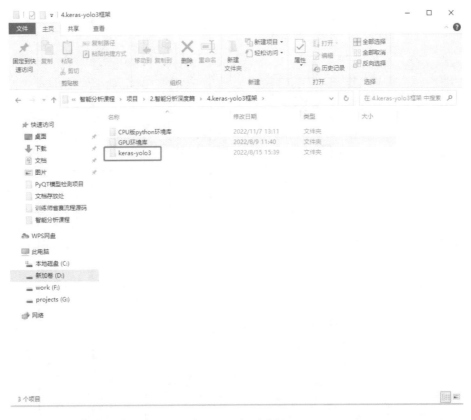

图 2-4-4　打开路径

2. 打开 PyCharm 软件,依次点击"File"和"Open..."，打开上述路径,选择"keras-yolo3"文件后点击"OK"，如图 2-4-5 所示。

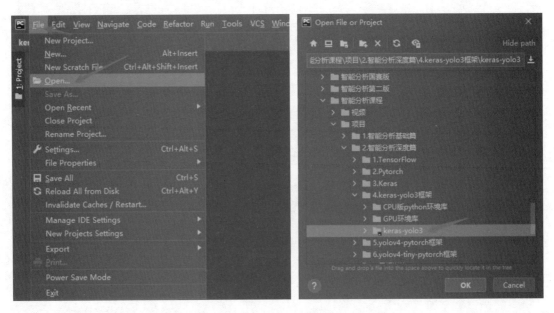

图 2-4-5　打开已有文件

3.出现如下提示。这里我们选择"This Window",如图 2-4-6 所示。

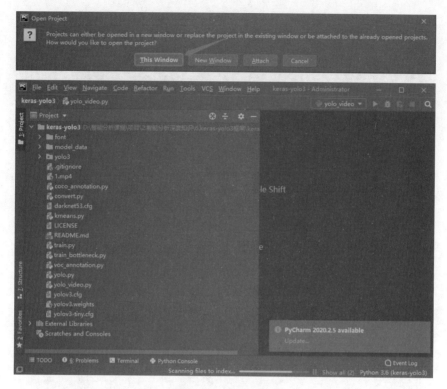

图 2-4-6 窗口选择

4.在这里查看实际运行的 CUDA 环境,CUDA 10.0 版本已在前面环境安装时安装过。要求必须使用 NVIDIA 显卡。这里还需要使用 cmd 命令(nvcc -V)检测是否存在 CUDA 并查看其版本。图 2-4-7 说明 CUDA 存在且版本号为 10.0。

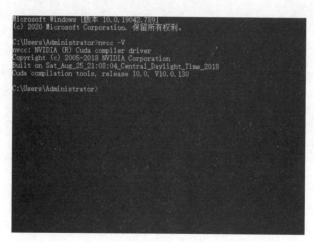

图 2-4-7 检查运行环境与版本

5.在"keras-yolo3"文件夹中依次点击"File"和"Settings"(图 2-4-8),再点击"Project:keras-yolo3"下的"Python Interpreter",然后找到"Python 3.6"(该虚拟环境是在"人脸识

别"项目中创建好的),最后点击"OK"(图 2-4-9)。

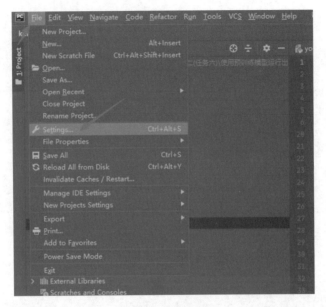

图 2-4-8　项目设置

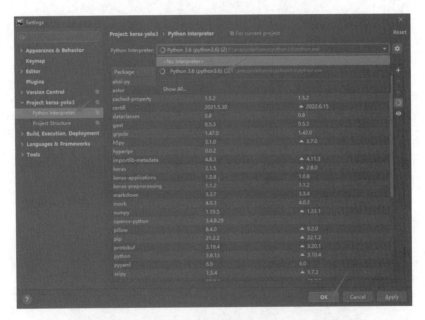

图 2-4-9　环境版本选择

6. 在 PyCharm 软件中点击"Terminal",打开路径 D:\智能分析课程\项目\2. 智能分析深度篇\4. keras-yolo3 框架\GPU 环境库(具体请使用自己存放的实验项目路径),如图 2-4-10所示;然后在"Terminal"中输入命令,如图 2-4-11 所示。

命令如下:

cd D:\智能分析课程\项目\2. 智能分析深度篇\4. keras-yolo3 框架\GPU 环境库
pip install-r requirements. txt

图 2-4-10 打开路径

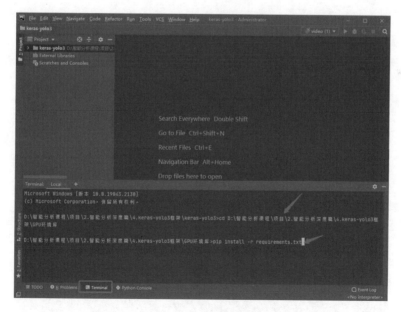

图 2-4-11 安装环境

如果是低配版计算机，无显卡，则加载 CPU 环境的 Python 库，使用以下步骤：

在 PyCharm 软件中点击"Terminal"，打开路径 D:\智能分析课程\项目\2. 智能分析深度篇\4. keras-yolo3 框架\CPU 版 python 环境库（具体请使用自己存放的实验项目路径），如图 2-4-12 所示；然后在"Terminal"中输入命令，如图 2-4-13 所示。

命令如下：

cd D:\智能分析课程\项目\2.智能分析深度篇\4.keras-yolo3框架\CPU版python环境库

pip install-r requirements.txt

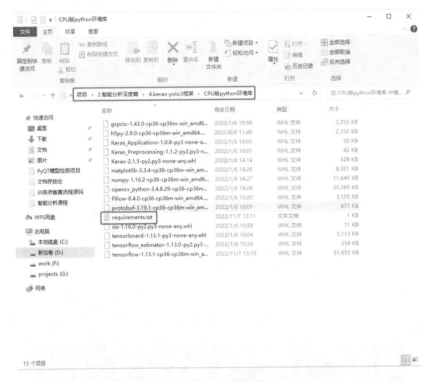

图 2-4-12　打开路径

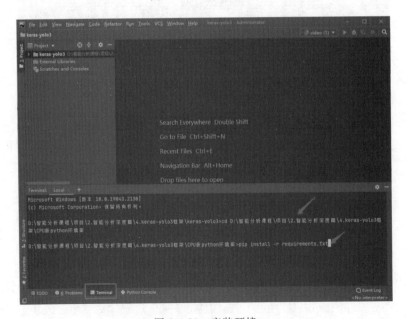

图 2-4-13　安装环境

7.准备创建一个"video.py"文件。右键点击"keras-yolo3"文件夹,然后选择"New",点击"Python File"(图 2-4-14),填写"video.py"(图 2-4-15),按回车键,创建完成(图 2-4-16)。

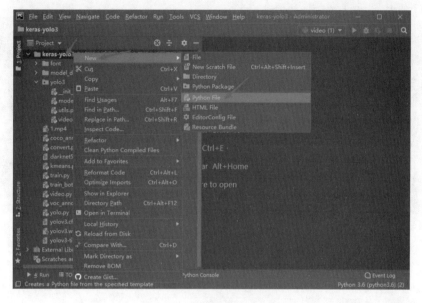

图 2-4-14　创建 Python 文件

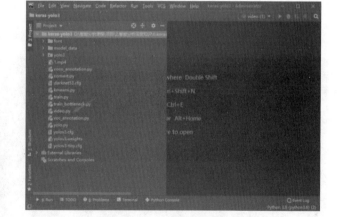

图 2-4-15　命名 Python 文件　　　　　图 2-4-16　创建完成

8.接着在"video.py"文件内编写代码,导入五个 Python 库,如图 2-4-17 所示。

代码如下:

```
from yolo import YOLO
import time
import numpy as np
from PIL import Image
import cv2
```

9.定义 detect_video()函数,其作用是使用预训练模型来检测视频中的内容。该函数有两个参数,第一个参数是算法参数,能够调用识别的算法,第二个参数是视频参数,可以放入

143

视频的路径,如图 2-4-18 所示。

代码如下:

```
def detect_video(yolo,video_path):
```

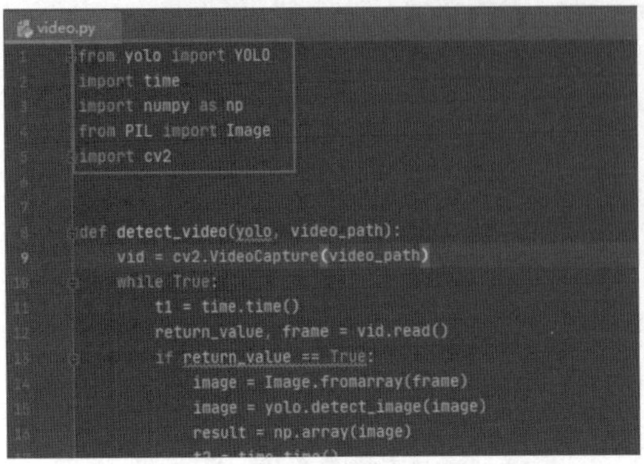

图 2-4-17　导入库文件

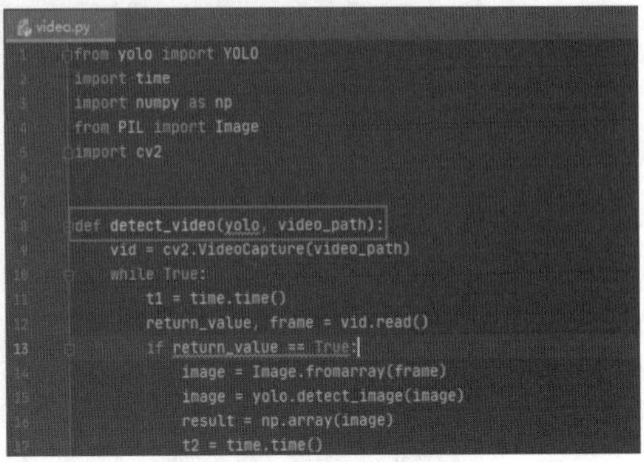

图 2-4-18　定义函数

10.读取视频并放入变量中,如图 2-4-19 所示。

代码如下:

```
vid = cv2.VideoCapture(video_path)
```

11.写一个 while 循环,读取视频内的每一帧,如图 2-4-20 所示。

代码如下:

```
while True:
```

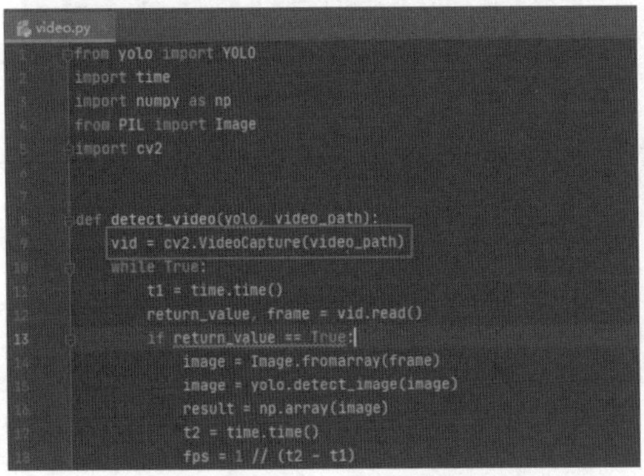

图 2-4-19　读取视频

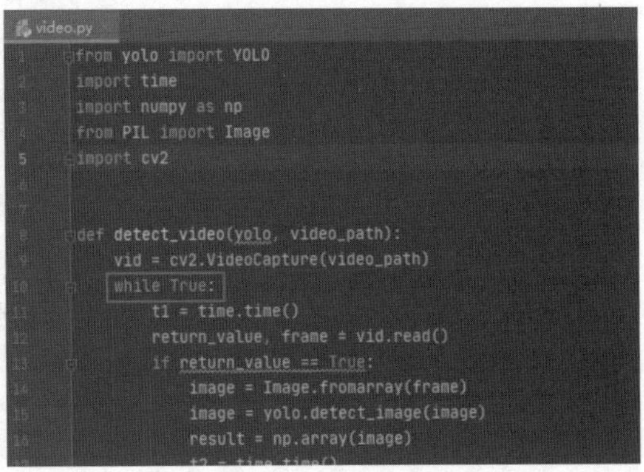

图 2-4-20　while 循环

12.将当前的时间点放入变量中,同时读取视频帧,如图 2-4-21 所示。

代码如下:

```
t1 = time.time()
return_value,frame = vid.read()
```

13.做一个判断,当有视频帧时,执行以下算法识别程序,如图 2-4-22 所示。

代码如下:

```
if return_value = = True:
```

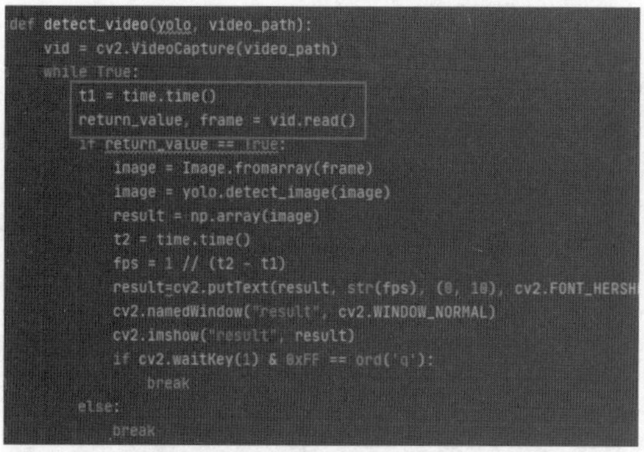

图 2-4-21　按时间读取视频

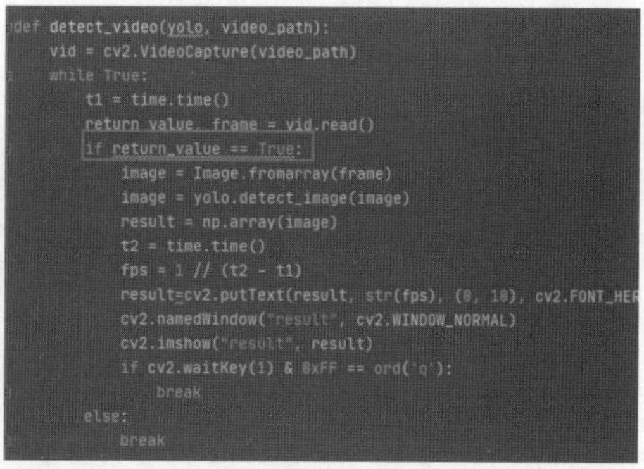

图 2-4-22　算法识别程序

14. 转换视频帧的格式，同时执行算法识别程序，如图 2-4-23 所示。

代码如下：

```
image = Image.fromarray(frame)
image = yolo.detect_image(image)
result = np.array(image)
```

15. 将执行算法后的时间点再次放入变量，同时计算出帧率，如图 2-4-24 所示。

代码如下：

```
t2 = time.time()
fps = 1 // (t2 - t1)
```

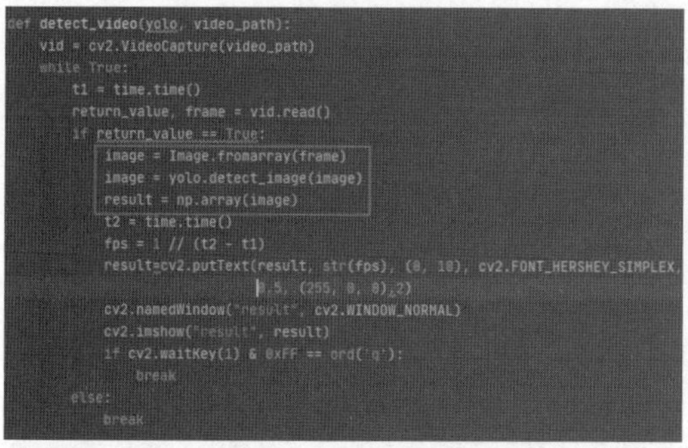

图 2-4-23　转换视频帧格式

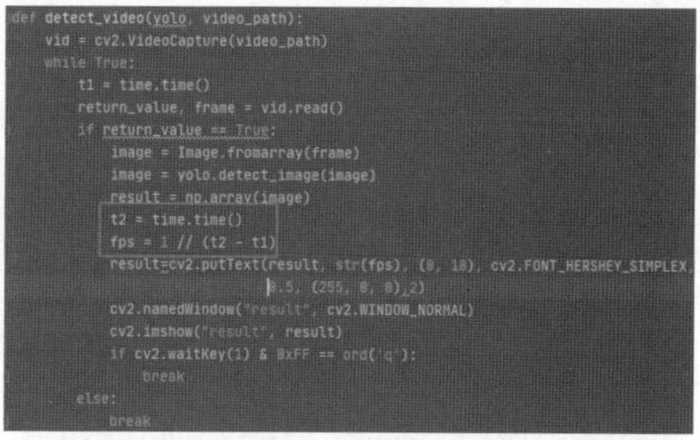

图 2-4-24　计算帧率

16. 使用 putText()函数将帧率和识别到的物体名写入每一帧的视频中，如图 2-4-25 所示。

代码如下：

```
result = cv2.putText (result,str(fps),(0,10),cv2.FONT_HERSHEY_SIMPLEX,0.5,
                (255,0,0),2)
```

17. 创建一个可拉伸的窗口，同时在窗口中显示处理好的整个视频流，如图 2-4-26 所示。

代码如下：

```
cv2.namedWindow("result",cv2.WINDOW_NORMAL)
cv2.imshow("result",result)
```

```
if cv2.waitKey(1) & 0xFF = = ord('q'):
    break
```

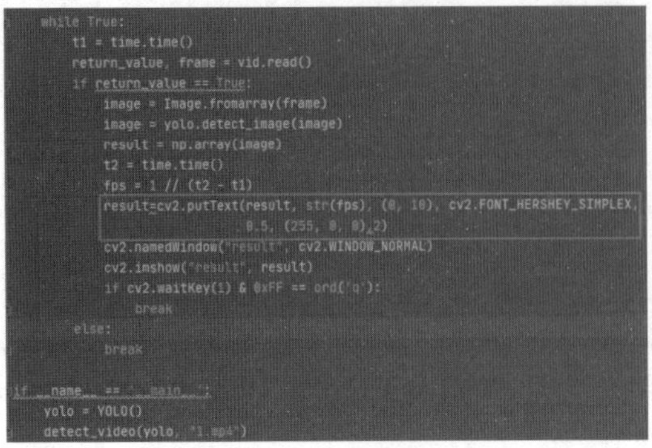

图 2-4-25　写入每一帧

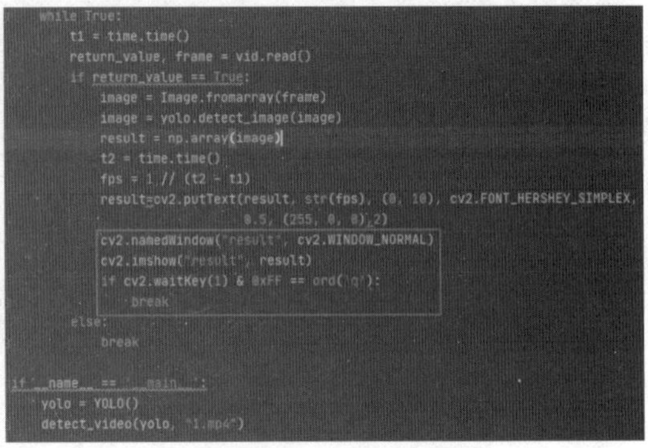

图 2-4-26　可拉伸的窗口

18．如果视频帧中断或者视频放完,则中断循环程序,如图 2-4-27 所示。

代码如下:

```
else:
    break
```

19．写一个程序入口,将算法识别程序和视频路径放入,同时执行定义的 detect_video() 函数,如图 2-4-28 所示。注意:如果想要使用网络视频流,需要使用实训中的海康摄像头设备,同时需要将 detect_video(yolo,"1. mp4")中的本地路径换成 rtsp://admin:【摄像头密码】@【摄像头 ip】/Streaming/Channels/2。本次实训中使用本地视频路径 detect_video (yolo,"1. mp4")。

代码如下:

```
if __name__ = = '__main__':
yolo = YOLO()
detect_video(yolo,"1. mp4")
```

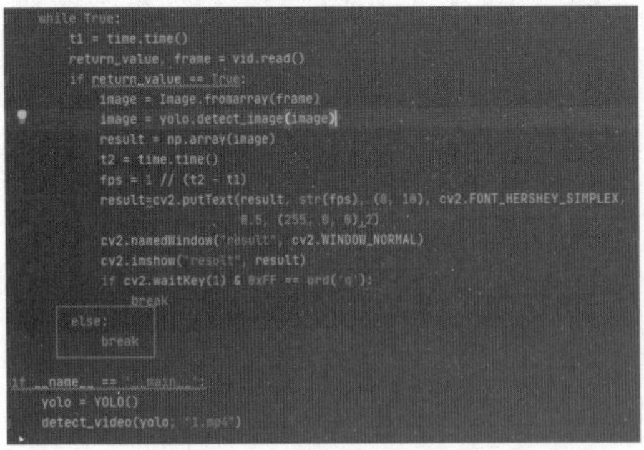

图 2-4-27　跳出循环

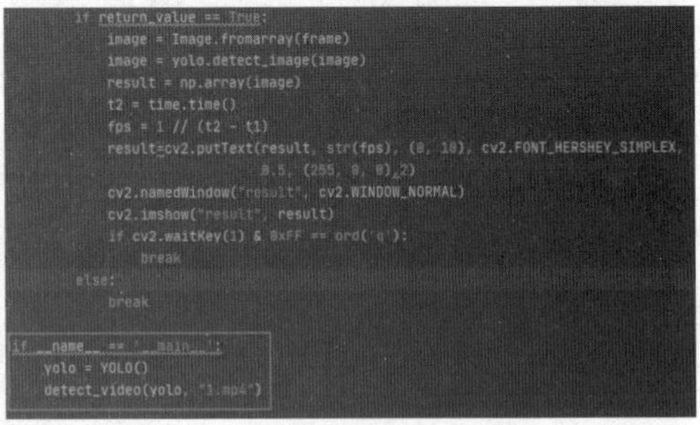

图 2-4-28　定义视频

20.右键点击"video. py"并运行,如图 2-4-29 所示。运行结果如图 2-4-30 所示。

图 2-4-29　运行程序

图 2-4-30　运行结果

如果加载的是 CPU 环境的 Python 库,则需要注释"yolo. py"里 CUDA 加速识别的代码。先注释"yolo. py"的第 71—74 行,如图 2-4-31 所示;再注释"yolo. py"的第 107—108 行,如图 2-4-32 所示;最后运行"video. py"文件。

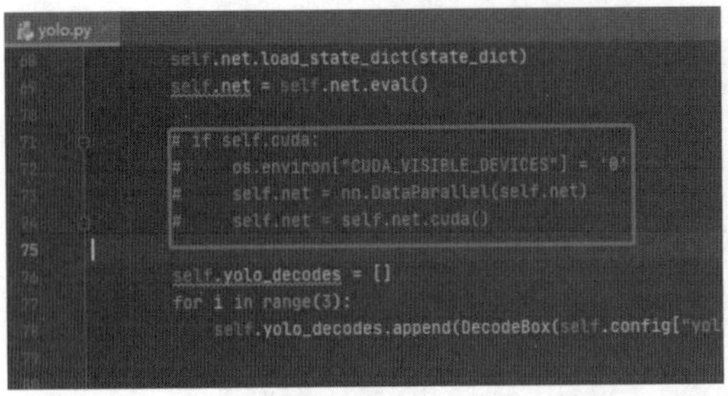

图 2-4-31　第 71—74 行 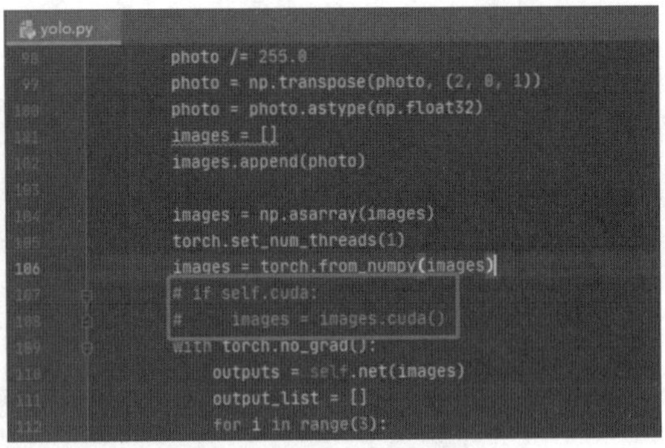　　　　　　图 2-4-32　第 107—108 行

21. 运行成功后,窗口如图 2-4-33 所示。

图 2-4-33　窗口展示

项目小结

　　通过本项目的学习,可以加深对 Keras 和 TensorFlow 的印象,同时能够熟练地使用 keras-yolov3 框架和预训练模型进行识别,更加深刻地理解 Python 的深度学习框架对视频识别的功能,并对人工智能分析形成一定的理解。

项目五　yolov4-pytorch 框架

项目描述

本项目详细介绍了 yolov4-pytorch 框架的相关知识,详细描述了使用预训练模型运行出 yolov4-pytorch 框架的过程,并且讲解了预训练模型、YOLOV4 算法和 Python 语法,让学生能够更加熟练地使用 PyCharm 软件和 Anaconda 软件,更加熟练地配置 CUDA 10.0 算力调用的环境。

知识目标

- 了解预训练模型的作用。
- 了解 yolov4-pytorch 框架及其优点。

技能目标

- 熟练地配置 yolov4-pytorch 框架的运行环境。
- 熟练地使用预训练模型和 yolov4-pytorch 框架进行视频识别。

相关知识

一、预训练模型介绍

预训练模型是指每一种框架出来之后,原创者给出的能够识别多种特定物体的模型(图 2-5-1)。在配置环境时可能会用到它,也可能用不到。有时它只被用作测试整个框架能否运行,而这个测试是准备训练其他模型之前十分重要的一步,旨在测试框架的稳定性并检测框架运行的速度和识别度。运行环境都测试完成之后,将标注好的数据集放入深度学习检测框架中,然后使用深度学习框架和该框架配备的预训练模型作为基础,重新训练一个能够识别特定物体的检测模型,比如训练口罩模型、比如训练头盔模型等。这就是预训练模型的作用和意义。

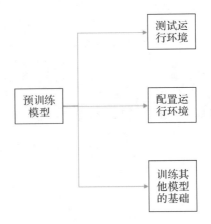

图 2-5-1　预训练模型

二、基于 TensorFlow 的 YOLOV4

基于 TensorFlow 的 YOLOV4 算法框架在调用 GPU 算力时,已经能够进行实时视频场景智能分析,视频处理速度能达到每秒 20 帧;而基于 TensorFlow 的 YOLOV3 算法框架在调用 GPU 算力时,视频处理速度最多只能达到每秒 15 帧。所以基于 TensorFlow 的 YOLOV4 算法框架大大加快了视频处理速度,为以后处理更复杂的细节视频节约了时间,为精度改良做了铺垫。

同时,基于 TensorFlow 的 YOLOV4 算法框架不仅在智能处理视频速度方面获得了突破,而且在处理视频精度方面也获得了小突破。在同时识别 1 万张相同的物体图片的测试中,基于 TensorFlow 的 YOLOV4 算法框架的识别率要高于基于 TensorFlow 的 YOLOV3 算法框架。因为前者只改良了算法精度,所以只能在数据量较大时检测出来,而当数据量较小时,并不能很好地检测出来。因此,在视频处理的精度上还需要继续进行研究和突破,也许将来对视频或图片的智能分析能够达到人类学习的水平。

三、基于 PyTorch 的 YOLOV4

基于 PyTorch 的 YOLOV4 算法框架在调用 GPU 算力时,也能够对视频进行实时检测,速度有了显著提升,且 PyTorch 训练出的模型属于动态模型,更加快了视频处理速度。动态模型可以随不同的场景主动适应,从而大大提高了识别视频场景中物体的准确率。

基于 PyTorch 的 YOLOV4 算法框架相对于基于 TensorFlow 的 YOLOV4 算法框架来说,精度有所提高,但动态模型只能适用于固定框架,不能转换成其他模型,这是它的缺点。但是与它的速度和精度优势相比,这个缺点可以忽略。在目前进行小型识别的服务器中,基于 PyTorch 的 YOLOV4 算法框架是非常受欢迎的。

PyTorch 发展时间不是很长,它有很多不确定性和不稳定性,所以在进行大型识别的服务器中,一般使用基于 TensorFlow 的 YOLOV4 算法框架,因为 TensorFlow 发展至今已有 10 年以上,它的稳定性较好。但是对学生和老师来说,速度快、精度高的基于 PyTorch 的

YOLOV4 算法框架无疑是首选,同时它也深受大多数智能分析初学者喜爱。

四、yolov4-pytorch 框架

yolov4-pytorch 向主干网络添加了一些有用的注意力方法,并实现了一些重要的识别网络。这些网络转变了识别方法,提升了视频处理速度,能够将视频流播放速度提高到每秒 20 帧左右。基本能够实现实时播放视频流,更加实用,同时视频的识别度并没有降低,基本上达到 90%。该框架大大提高了人工智能在目标检测部分的效果和成绩。

yolov4-pytorch 框架优点如下(图 2-5-2):

①相比于 keras-yolov3 框架,识别速度更快;

②训练数据集时不需要巨量的数据集,只需要少量的数据集就可以训练出一个很好的模型;

③实现了检测速度和精度的最佳权衡。

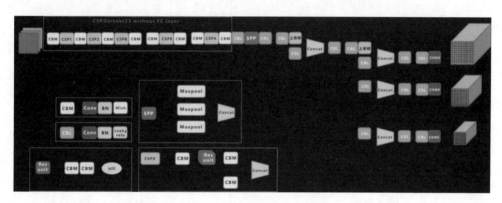

图 2-5-2　yolov4-pytorch 框架

任务实施

任务一　运行 yolov4-pytorch 框架

任务流程如图 2-5-3 所示。

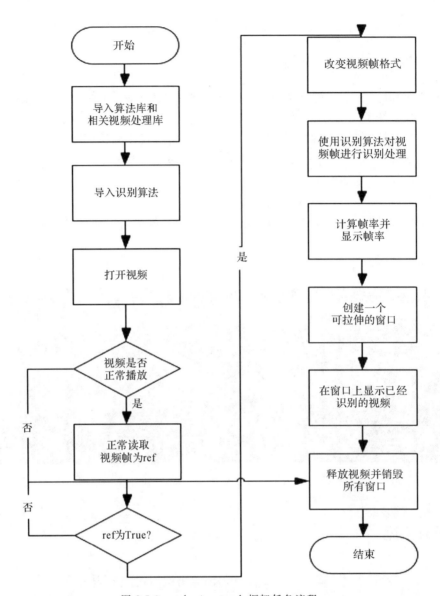

图 2-5-3　yolov4-pytorch 框架任务流程

1.打开路径 D:\智能分析课程\项目\2.智能分析深度篇\5.yolov4-pytorch 框架(具体请使用自己存放的实验项目路径),找到"yolov4-pytorch"文件,如图 2-5-4 所示。

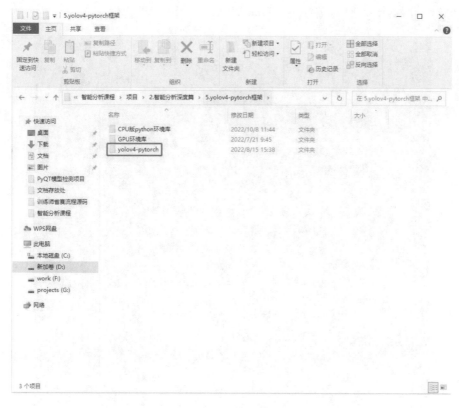

图 2-5-4　打开路径

2. 打开 PyCharm 软件,依次点击"File"和"Open..."，打开上述路径,选择"yolov4-pytorch"文件后点击"OK",如图 2-5-5 所示。

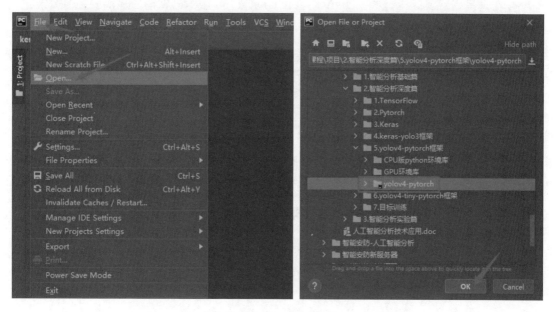

图 2-5-5　打开已有文件

3.出现如下提示。这里我们选择"This Window",如图 2-5-6 所示。

图 2-5-6　窗口选择

4.在这里查看实际运行的 CUDA 环境,CUDA 10.0 版本已在前面环境安装时安装过。要求必须使用 NVIDIA 显卡。这里还需要使用 cmd 命令(nvcc -V)检测是否存在 CUDA 并查看其版本。图 2-5-7 说明 CUDA 存在且版本号为 10.0。

图 2-5-7　检查运行环境与版本

5. 在"yolov4-pytorch"文件夹中依次点击"File"和"Settings"（图 2-5-8），再点击
"Project：yolov4-pytorch"下的"Python Interpreter"，然后找到"Python 3.6"（该虚拟环境是
在"人脸识别"项目中创建好的），最后点击"OK"（图 2-5-9）。

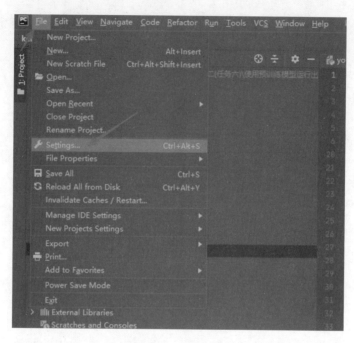

图 2-5-8　项目设置

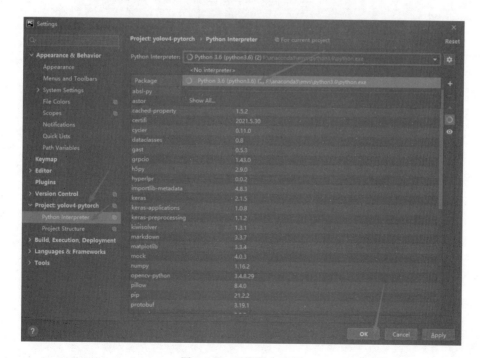

图 2-5-9　环境版本选择

6.在 PyCharm 软件中点击"Terminal",打开路径 D:\智能分析课程\项目\2.智能分析深度篇\5.yolov4-pytorch 框架\GPU 环境库(具体请使用自己存放的实验项目路径),如图 2-5-10所示;然后在"Terminal"中输入命令,如图 2-5-11 所示。

图 2-5-10　打开路径

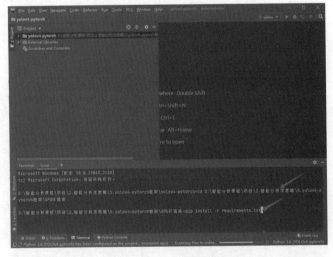

图 2-5-11　安装环境

命令如下：

cd D:\智能分析课程\项目\2.智能分析深度篇\5.yolov4-pytorch 框架\GPU 环境库

pip install-r requirements.txt

如果是低配版计算机，无显卡，则加载 CPU 环境的 Python 库，使用以下步骤：

在 PyCharm 软件中点击"Terminal"，打开路径 D:\智能分析课程\项目\2. 智能分析深度篇\5. yolov4-pytorch 框架\CPU 版 python 环境库（具体请使用自己存放的实验项目路径），如图 2-5-12 所示；然后在"Terminal"中输入命令，如图 2-5-13 所示。

命令如下：

cd D:\智能分析课程\项目\2. 智能分析深度篇\5. yolov4-pytorch 框架\CPU 版 python 环境库

pip install-r requirements. txt

图 2-5-12　打开路径

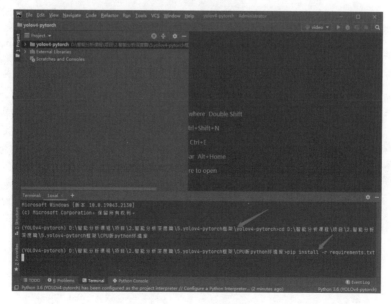

图 2-5-13　安装环境

7. 准备创建一个"video. py"文件。右键点击"yolov4-pytorch"文件夹,然后选择"New",点击"Python File"(图 2-5-14),填写"video. py"(图 2-5-15),按回车键,创建完成(图 2-5-16)。

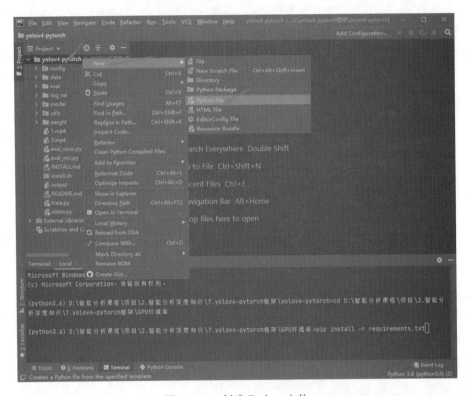

图 2-5-14　创建 Python 文件

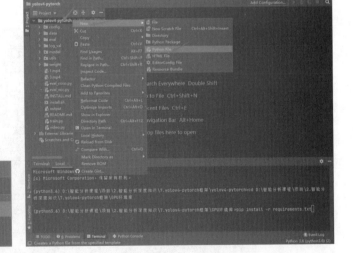

图 2-5-15　命名 Python 文件

图 2-5-16　创建完成

8.接着在"video.py"文件内编写代码,导入五个 Python 库,如图 2-5-17 所示。

代码如下:

```
from yolo import YOLO
import time
import numpy as np
from PIL import Image
import cv2
```

9.定义 detect_video()函数,其作用是使用预训练模型来检测视频中的内容。该函数有两个参数,第一个参数是算法参数能够调用识别的算法,第二个参数是视频参数,可以放入视频的路径,如图 2-5-18 所示。

代码如下:

```
def detect_video(yolo,video_path):
```

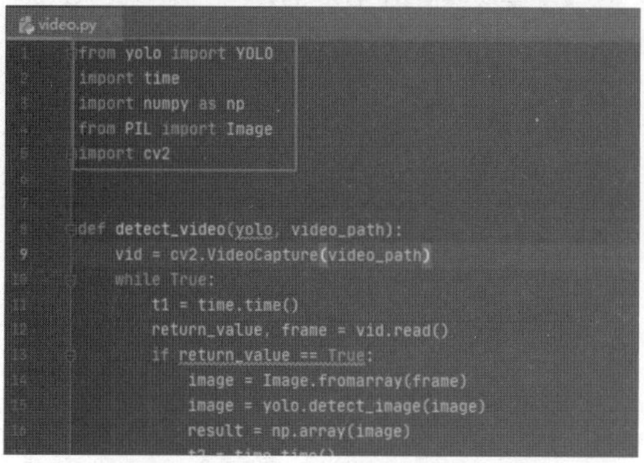

图 2-5-17　导入库文件

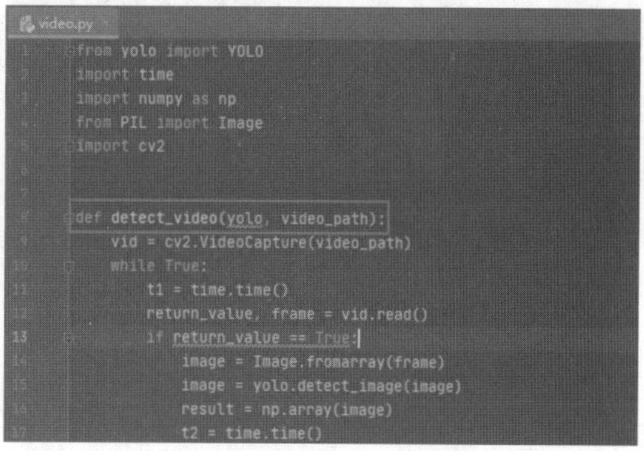

图 2-5-18　定义函数

10.读取视频并放入变量中,如图 2-5-19 所示。

代码如下:

```
vid = cv2.VideoCapture(video_path)
```

11.写一个 while 循环,读取视频内的每一帧,如图 2-5-20 所示。

代码如下:

```
while True:
```

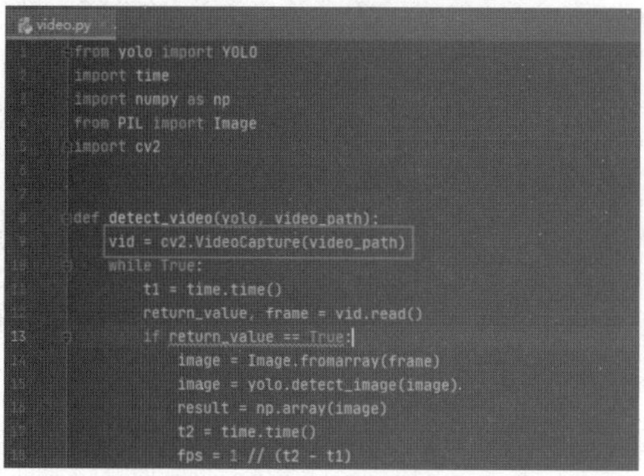

图 2-5-19　读取视频

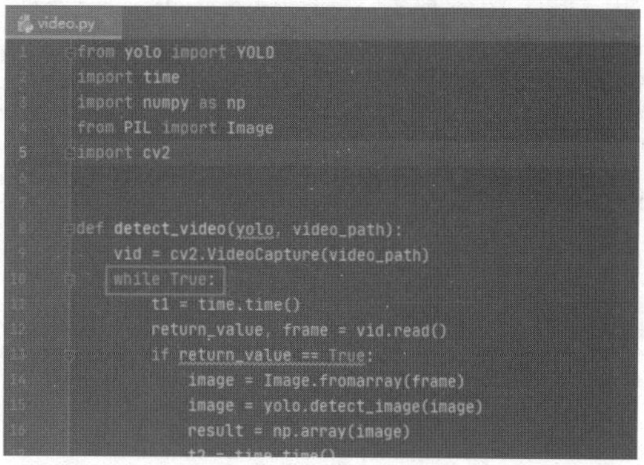

图 2-5-20　while 循环

12. 将当前的时间点放入变量中,同时读取视频帧,如图 2-5-21 所示。

代码如下:

```
t1 = time.time()
return_value,frame = vid.read()
```

13. 做一个判断,当有视频帧时,执行以下算法识别程序,如图 2-5-22 所示。

代码如下:

```
if return_value == True:
```

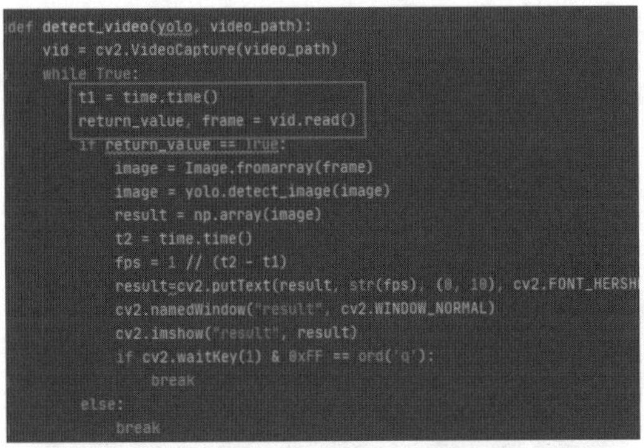

图 2-5-21　按时间读取视频　　　　　　　图 2-5-22　算法识别程序

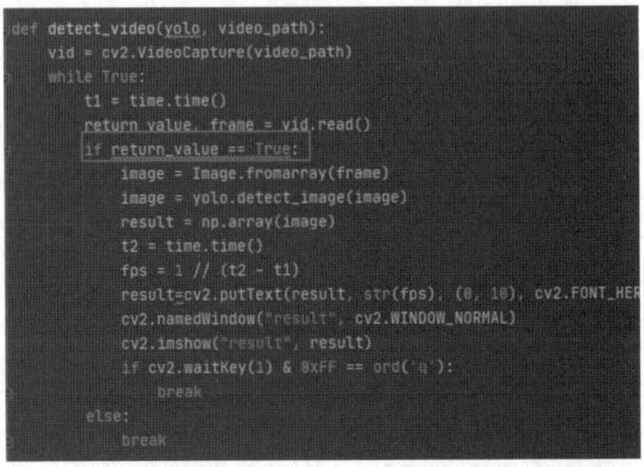

14. 转换视频帧的格式,同时执行算法识别程序,如图 2-5-23 所示。

代码如下:

```
image = Image.fromarray(frame)
image = yolo.detect_image(image)
result = np.array(image)
```

15. 将执行算法后的时间点再次放入变量,同时计算出帧率,如图 2-5-24 所示。

代码如下:

```
t2 = time.time()
fps = 1 // (t2 - t1)
```

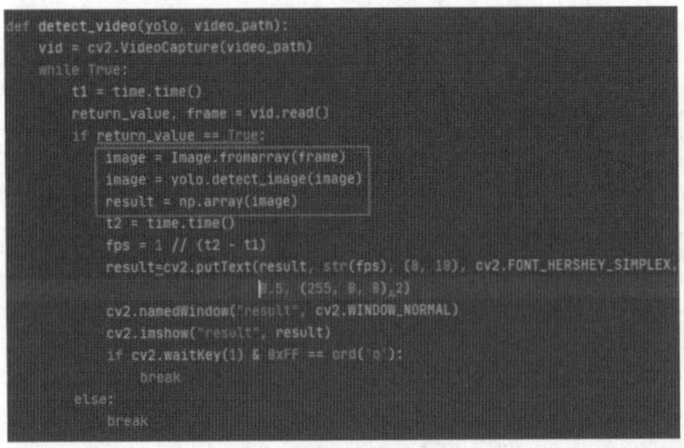

图 2-5-23　转换视频帧格式　　　　　　　图 2-5-24　计算帧率

16. 使用 putText() 函数将帧率和识别到的物体名写入每一帧的视频中,如图 2-5-25 所示。

代码如下:

```
result = cv2.putText (result,str(fps),(0,10),cv2.FONT_HERSHEY_SIMPLEX,0.5,
                      (255,0,0),2)
```

17. 创建一个可拉伸的窗口,同时在窗口中显示处理好的整个视频流,如图 2-5-26 所示。

代码如下:

```
cv2.namedWindow("result",cv2.WINDOW_NORMAL)
cv2.imshow("result",result)
if cv2.waitKey(1) & 0xFF = = ord('q'):
    break
```

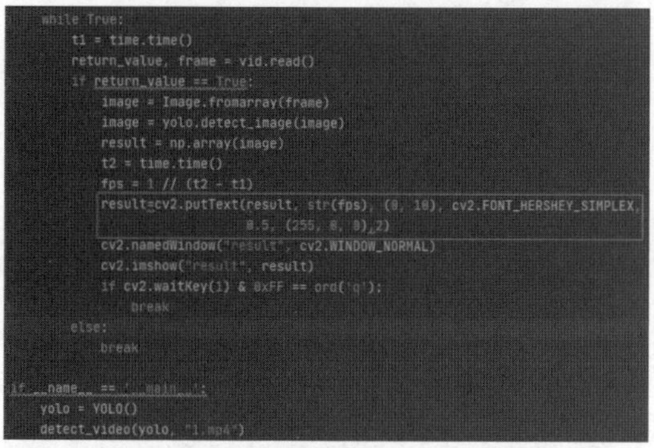

图 2-5-25　写入每一帧

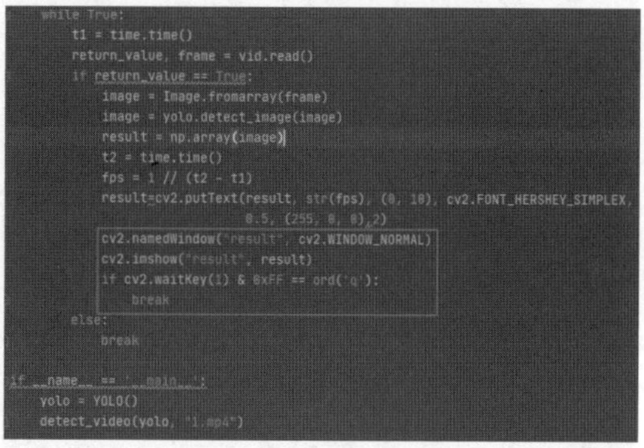

图 2-5-26　可拉伸的窗口

18. 如果视频帧中断或者视频放完,则中断循环程序,如图 2-5-27 所示。

代码如下:

```
else:
    break
```

19. 写一个程序入口,将算法识别程序和视频路径放入,同时执行定义的 detect_video() 函数,如图 2-5-28 所示。注意:如果想要使用网络视频流,需要使用实训中的海康摄像头设备,同时需要将 detect_video(yolo,"1.mp4")中的本地路径换成 rtsp://admin:【摄像头密码】@【摄像头 ip】/Streaming/Channels/2。本次实训中使用本地视频路径 detect_video(yolo,"1.mp4")。

代码如下:

```
if __name__ = = '__main__':
    yolo = YOLO()
    detect_video(yolo,"1.mp4")
```

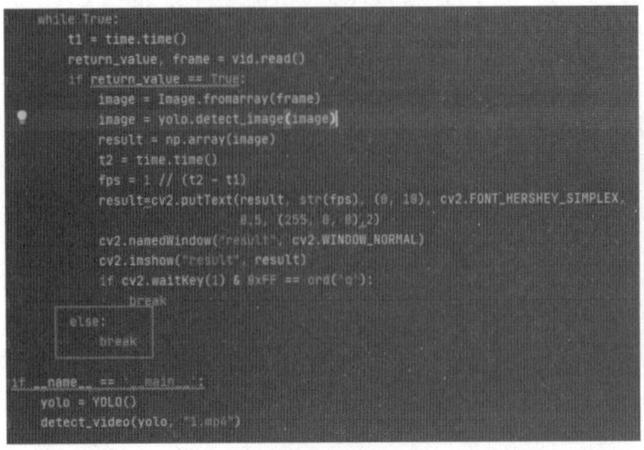

图 2-5-27　跳出循环

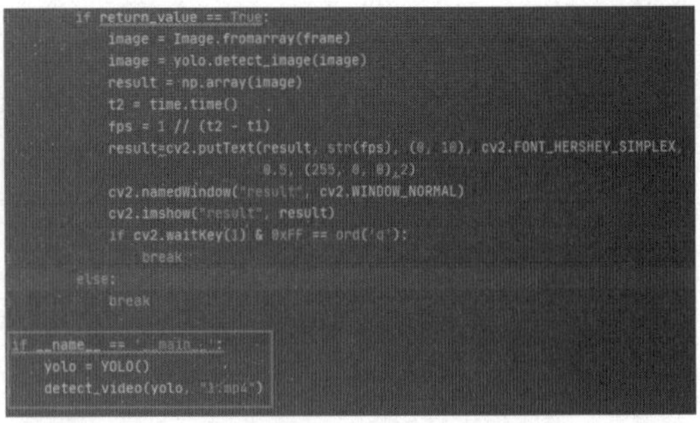

图 2-5-28　定义视频

20.右键点击"video.py"并运行,如图 2-5-29 所示。运行结果如图 2-5-30 所示。

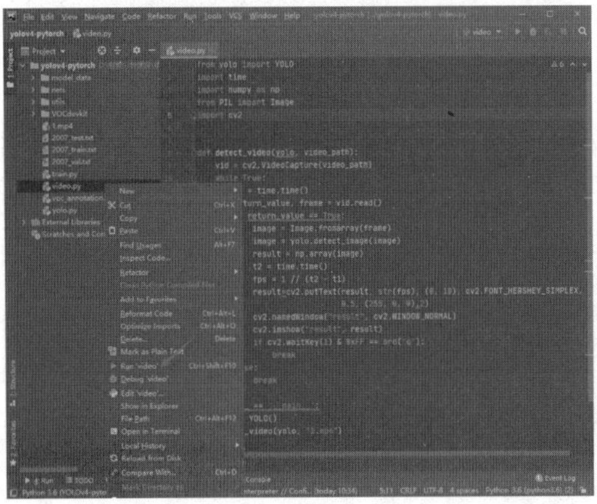

图 2-5-29　运行程序

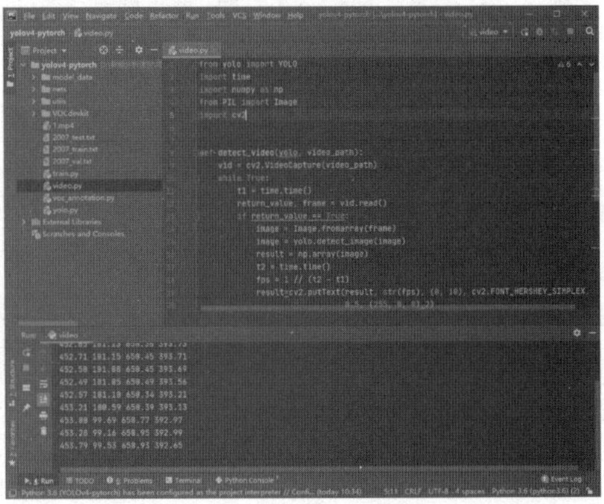

图 2-5-30　运行结果

　　如果加载的是 CPU 环境的 Python 库,则需要注释"yolo.py"里 CUDA 加速识别的代码。先注释"yolo.py"的第 71—74 行,如图 2-5-31 所示;再注释"yolo.py"的第 107—108 行,如图 2-5-32 所示;最后运行"video.py"文件。

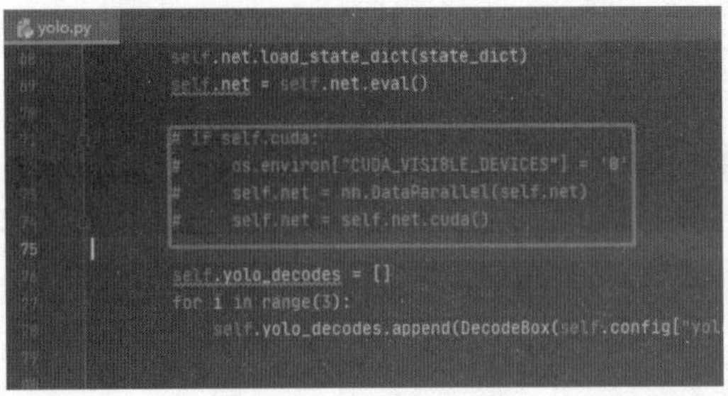

图 2-5-31　第 71—74 行

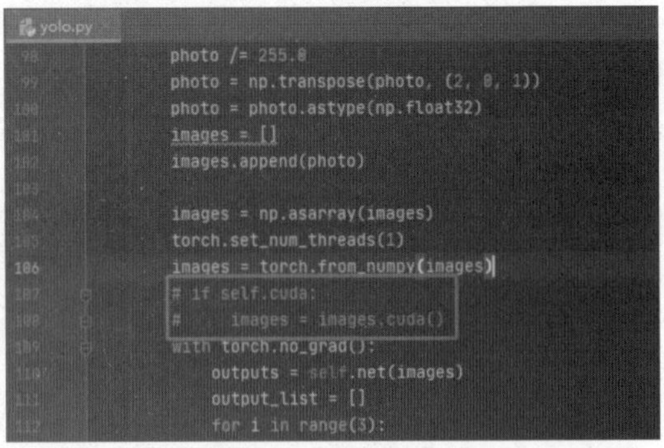

图 2-5-32　第 107—108 行

21.运行成功后,窗口如图 2-5-33 所示。

图 2-5-33　窗口展示

项目小结

通过本项目的学习,可以了解预训练模型的作用以及 yolov4-pytorch 框架及其优点,熟练地搭建 yolov4-pytorch 框架环境,并且熟练地使用预训练模型和 yolov4-pytorch 框架进行视频识别,最终对 yolov4-pytorch 框架形成全面的认识。

项目六 yolov4-tiny-pytorch 框架

项目描述

本项目详细介绍了 yolov4-tiny-pytorch 框架的相关知识,比较了其与 yolov4-pytorch 和 keras-yolov3 框架的速度,详细描述了使用预训练模型运行出 yolov4-tiny-pytorch 框架的过程,并讲解了 YOLOV4 算法和 Python 语法,让学生能够更加熟练地使用 PyCharm 软件和 Anaconda 软件,更加熟练地配置 CUDA 10.0 的环境。

知识目标

- 了解 yolov4-tiny-pytorch 框架及其优点。
- 了解 yolov4-tiny-pytorch、yolov4-pytorch 和 keras-yolov3 框架的速度区别。

技能目标

- 熟练地搭建 yolov4-tiny-pytorch 框架的运行环境。
- 熟练地使用预训练模型和 yolov4-tiny-pytorch 框架进行视频识别。

相关知识

一、yolov4-tiny-pytorch 框架

YOLOV4 是 YOLOV3 的改进版,尽管没有在目标检测上做出革命性的改变,但是 YOLOV4 依然很好地提升了速度与精度。YOLOV4 的整体检测思路与 YOLOV3 相差不大,均使用三个特征层进行分类与回归预测。

YOLOV4-Tiny 是 YOLOV4 的简化版,少了一些结构,但是速度大大提升。YOLOV4 共有约 6000 万个参数,YOLOV4-Tiny 则只有 600 万个参数。YOLOV4-Tiny 仅使用了两个特征层进行分类与回归预测,YOLOV4-Tiny 速度更快,识别度稍低,但总体而言更加进步。

yolov4-tiny-pytorch 框架优点如下(图 2-6-1):

①yolov4-tiny-pytorch 框架内部的处理参数数量大大降低,从而大大缩短了处理参数的时间;

②在目标检测实验中识别速度更快,可以达到每秒 30 帧左右,识别度却没降多少;

③yolov4-tiny-pytorch 框架训练数据集并生成模型的时间显著缩短,但同样能生成一个识别度很好的模型。

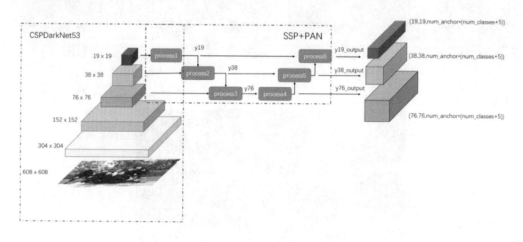

图 2-6-1 yolov4-tiny-pytorch 框架

二、三种框架的速度比较

回顾前面两个项目,keras-yolov3 框架的实验结果表明,GPU 显卡算力被调用后目标检测运行结果在每秒 15 帧左右,而 yolov4-pytorch 框架的实验结果表明,GPU 显卡算力被调用后目标检测运行结果在每秒 20 帧左右,比 keras-yolov3 框架速度快了每秒 5 帧左右。这说明 yolov4-pytorch 框架相对于 keras-yolov3 框架来说有进步,而我们在 yolov4-tiny-pytorch 框架的运行任务中将会看到,yolov4-tiny-pytorch 框架的运行速度会远远高于 yolov4-pytorch 框架的运行速度,而且识别度也没有降低很多。它们的帧率测试都是基于同一个视频进行的,处理的效果和识别度差别不大,这说明 yolov4-tiny-pytorch 框架确实有所进步,如图 2-6-2 所示。

keras-yolov3框架　　　　　　　　　　　yolov4-pytorch框架

yolov4-tiny-pytorch框架

图 2-6-2　三种框架运行截图

▍任务实施

任务一　运行 yolov4-tiny-pytorch 框架

任务流程如图 2-6-3 所示。

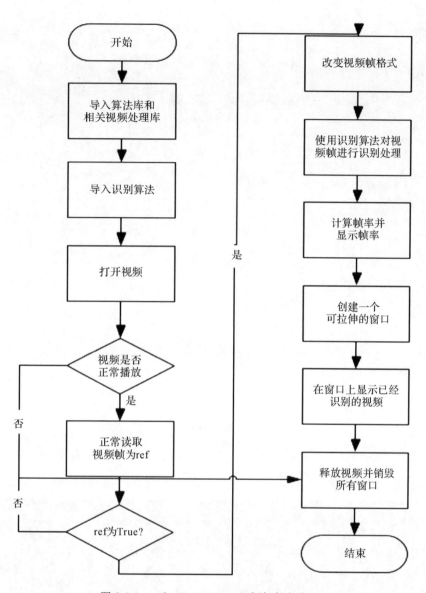

图 2-6-3   yolov4-tiny-pytorch 框架任务流程

1.打开路径 D:\智能分析课程\项目\2.智能分析深度篇\6.yolov4-tiny-pytorch 框架（具体请使用自己存放的实验项目路径），找到"yolov4-tiny-pytorch"文件，如图 2-6-4 所示。

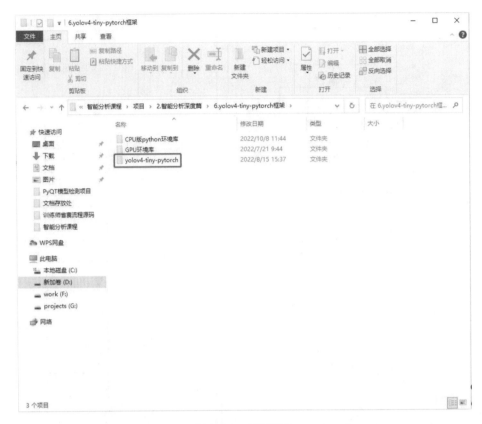

图 2-6-4　打开路径

2. 打开 PyCharm 软件,依次点击"File"和"Open..."，打开上述路径,选择"yolov4-tiny-pytorch"文件后点击 OK,如图 2-6-5 所示。

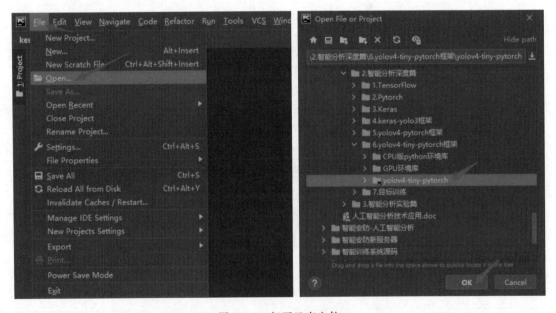

图 2-6-5　打开已有文件

3.出现如下提示。这里我们选择"This Window",如图 2-6-6 所示。

图 2-6-6　窗口选择

4.在这里查看实际运行的 CUDA 环境,CUDA 10.0 版本已在前面环境安装时安装过。要求必须使用 NVIDIA 显卡。这里还需要使用 cmd 命令(nvcc -V)检测是否存在 CUDA 并查看其版本。图 2-6-7 说明 CUDA 存在且版本号为 10.0。

图 2-6-7　检查运行环境与版本

5.在"yolov4-tiny-pytorch"文件夹中依次点击"File"和"Settings"(图 2-6-8),再点击"Project:yolov4-tiny-pytorch"下的"Python Interpreter",然后找到"Python 3.6"(该虚拟环境是在"人脸识别"项目中创建好的),最后点击"OK"(图 2-6-9)。

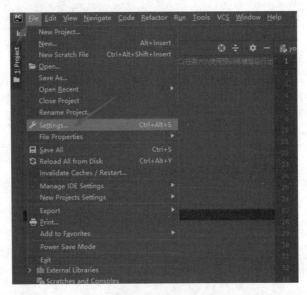

图 2-6-8　项目设置

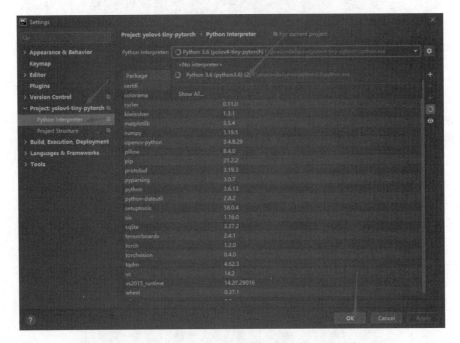

图 2-6-9　环境版本选择

6.在 PyCharm 软件中点击"Terminal",打开路径 D:\智能分析课程\项目\2.智能分析深度篇\6.yolov4-tiny-pytorch 框架\GPU 环境库(具体请使用自己存放的实验项目路径),如图 2-6-10 所示;然后在"Terminal"中输入命令,如图 2-6-11 所示。

命令如下：

cd D:\智能分析课程\项目\2.智能分析深度篇\6.yolov4-tiny-pytorch 框架\GPU 环境库

pip install-r requirements.txt

图 2-6-10　打开路径

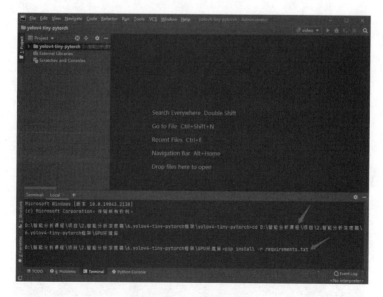

图 2-6-11　安装环境

如果是低配版计算机，无显卡，则加载 CPU 环境的 Python 库，使用以下步骤：

在 PyCharm 软件中点击"Terminal"，打开路径 D:\智能分析课程\项目\2.智能分析深

度篇\6.yolov4-tiny-pytorch 框架\CPU 版 python 环境库（具体请使用自己存放的实验项目
路径），如图 2-6-12 所示；然后在"Terminal"中输入命令，如图 2-6-13 所示。

命令如下：

cd D:\智能分析课程\项目\2.智能分析深度篇\6.yolov4-tiny-pytorch 框架\CPU 版
　　python 环境库

pip install-r requirements.txt

图 2-6-12　打开路径

图 2-6-13　安装环境

7.准备创建一个"video. py"文件。右键点击"yolov4-tiny-pytorch"文件夹,然后选择
"New",点击"Python File"(图 2-6-14),填写"video. py"(图 2-6-15),按回车键,创建完成
(图 2-6-16)。

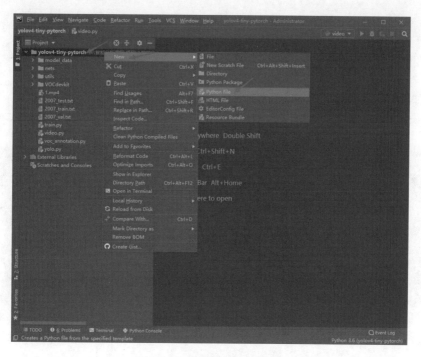

图 2-6-14　创建 Python 文件

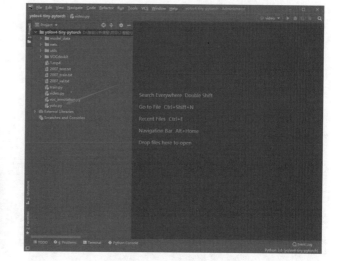

图 2-6-15　命名 Python 文件　　　　　　　　图 2-6-16　创建完成

8.接着在"video. py"文件内编写代码,导入五个 Python 库,如图 2-6-17 所示。
代码如下:

```
from yolo import YOLO
```

```
import time
import numpy as np
from PIL import Image
import cv2
```

9.定义 detect_video()函数,其作用是使用预训练模型来检测视频中的内容。该函数有两个参数,第一个参数是算法参数能够调用识别的算法,第二个参数是视频参数,可以放入视频的路径,如图 2-6-18 所示。

代码如下:

```
def detect_video(yolo,video_path):
```

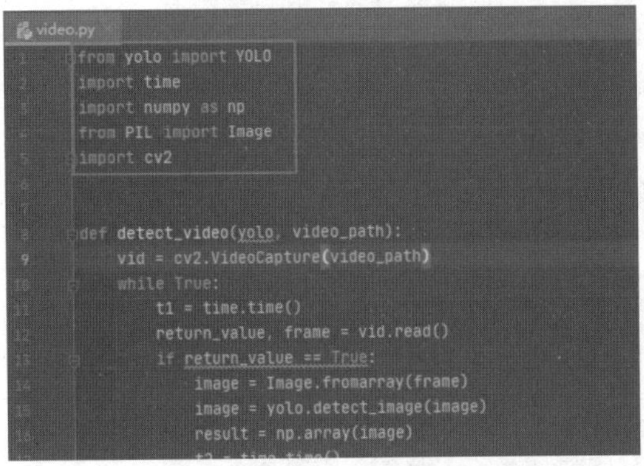

图 2-6-17　导入库文件

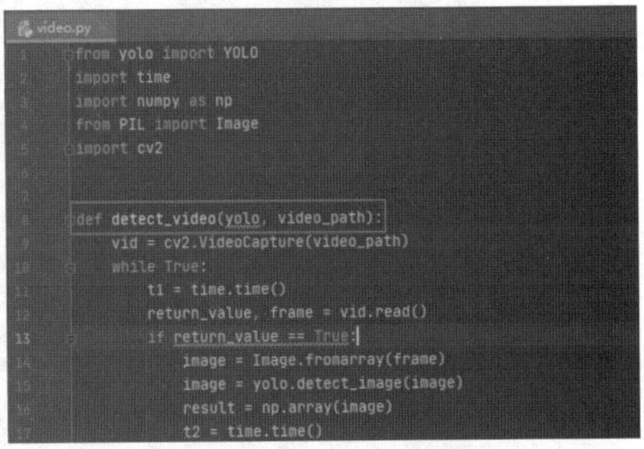

图 2-6-18　定义函数

10.读取视频并放入变量中,如图 2-6-19 所示。

代码如下:

```
vid = cv2.VideoCapture(video_path)
```

11.写一个 while 循环,读取视频内的每一帧,如图 2-6-20 所示。

代码如下:

```
while True:
```

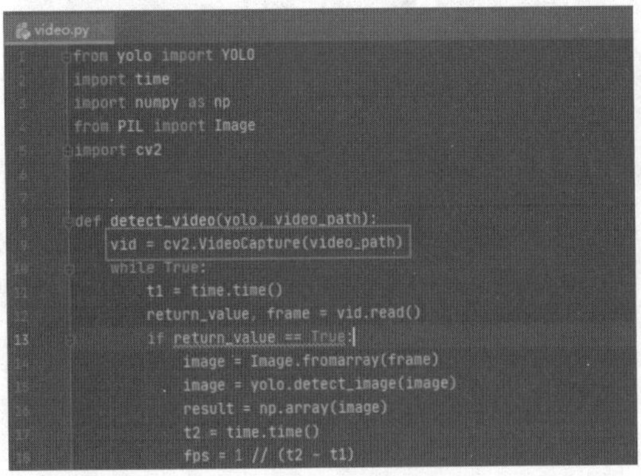

图 2-6-19　读取视频并放入变量中

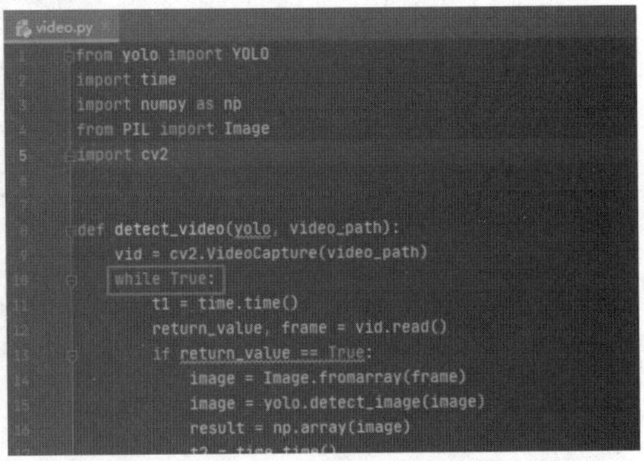

图 2-6-20　while 循环

12. 将当前的时间点放入变量中，同时读取视频帧，如图 2-6-21 所示。

代码如下：

```
t1 = time.time()
return_value,frame = vid.read()
```

13. 做一个判断，当有视频帧时，执行以下算法识别程序，如图 2-6-22 所示。

代码如下：

```
if return_value = = True：
```

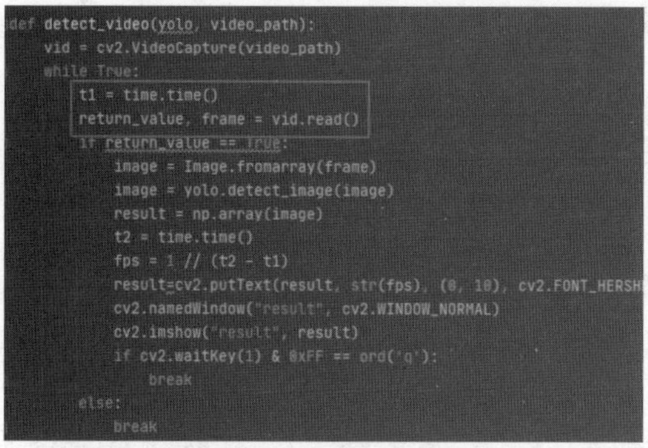

图 2-6-21　按时间读取视频

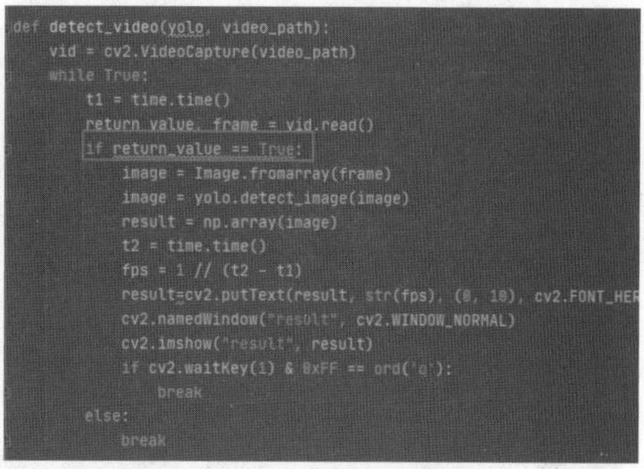

图 2-6-22　算法识别程序

14. 转换视频帧的格式，同时执行算法识别程序，如图 2-6-23 所示。

代码如下：

```
image = Image.fromarray(frame)
image = yolo.detect_image(image)
result = np.array(image)
```

15. 将执行算法后的时间点再次放入变量，同时计算出帧率，如图 2-6-24 所示。

代码如下：

```
t2 = time.time()
fps = 1 // (t2 - t1)
```

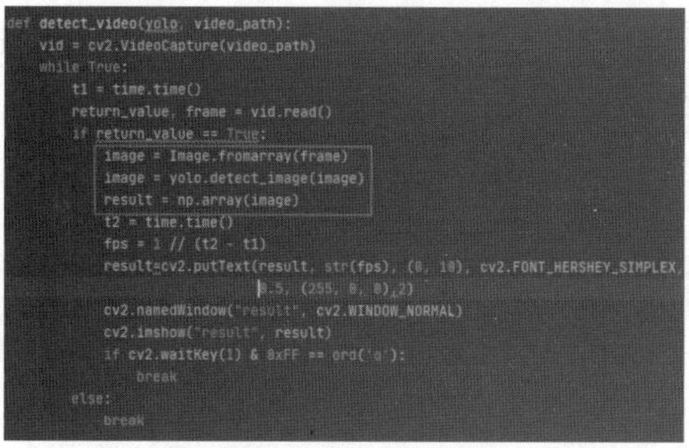

图 2-6-23　转换视频帧格式

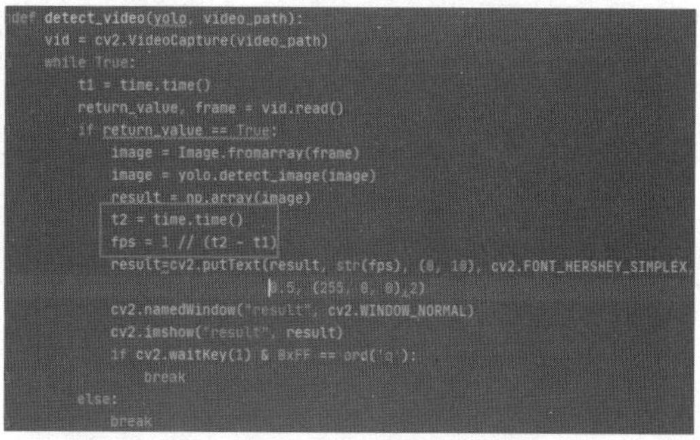

图 2-6-24　计算帧率

16.使用 putText()函数将帧率和识别到的物体名写入每一帧的视频中,如图 2-6-25所示。

代码如下:

```
result = cv2.putText(result,str(fps),(0,10),cv2.FONT_HERSHEY_SIMPLEX,0.5,
                     (255,0,0),2)
```

17.创建一个可拉伸的窗口,同时在窗口中显示处理好的整个视频流,如图 2-6-26所示。

代码如下:

```
cv2.namedWindow("result",cv2.WINDOW_NORMAL)
cv2.imshow("result",result)
if cv2.waitKey(1) & 0xFF = = ord('q'):
    break
```

图 2-6-25　写入每一帧　　　　　　　　图 2-6-26　可拉伸的窗口

18.如果视频帧中断或者视频放完,则中断循环程序,如图 2-6-27 所示。

代码如下:

```
else:
    break
```

19.写一个程序入口,将算法识别程序和视频路径放入,同时执行定义的 detect_video()函数,如图 2-6-28 所示。注意:如果想要使用网络视频流,需要使用实训中的海康摄像头设备,同时需要将 detect_video(yolo,"1.mp4")中的本地路径换成 rtsp://admin:【摄像头密码】@【摄像头 ip】/Streaming/Channels/2。本次实训中使用本地视频路径 detect_video(yolo,"1.mp4")。

代码如下:

```
if __name__ = = '__main__':
    yolo = YOLO()
    detect_video(yolo,"1.mp4")
```

```
while True:
    t1 = time.time()
    return_value, frame = vid.read()
    if return_value == True:
        image = Image.fromarray(frame)
        image = yolo.detect_image(image)
        result = np.array(image)
        t2 = time.time()
        fps = 1 // (t2 - t1)
        result=cv2.putText(result, str(fps), (0, 10), cv2.FONT_HERSHEY_SIMPLEX,
                          0.5, (255, 0, 0),2)
        cv2.namedWindow("result", cv2.WINDOW_NORMAL)
        cv2.imshow("result", result)
        if cv2.waitKey(1) & 0xFF == ord('q'):
            break
    else:
        break

if __name__ == '__main__':
    yolo = YOLO()
    detect_video(yolo, "1.mp4")
```

图 2-6-27　跳出循环

```
    if return_value == True:
        image = Image.fromarray(frame)
        image = yolo.detect_image(image)
        result = np.array(image)
        t2 = time.time()
        fps = 1 // (t2 - t1)
        result=cv2.putText(result, str(fps), (0, 10), cv2.FONT_HERSHEY_SIMPLEX,
                          0.5, (255, 0, 0),2)
        cv2.namedWindow("result", cv2.WINDOW_NORMAL)
        cv2.imshow("result", result)
        if cv2.waitKey(1) & 0xFF == ord('q'):
            break
    else:
        break

if __name__ == '__main__':
    yolo = YOLO()
    detect_video(yolo, "1.mp4")
```

图 2-6-28　定义视频

20.右键点击"video. py"并运行,如图 2-6-29 所示。运行结果如图 2-6-30 所示。

图 2-6-29　运行程序

图 2-6-30　运行结果

　　如果加载的是 CPU 环境的 Python 库,则需要注释"yolo. py"里 CUDA 加速识别的代码。先注释"yolo. py"的第 71—74 行,如图 2-6-31 所示;再注释"yolo. py"的第 107—108 行,如图 2-6-32 所示;最后运行"video. py"文件。

图 2-6-31　第 71—74 行

图 2-6-32　第 107—108 行

21.运行成功后,窗口如图 2-6-33 所示。

图 2-6-33　窗口展示

项目小结

通过本项目的学习,可以了解 yolov4-tiny-pytorch 框架及其优点,了解 yolov4-tiny-pytorch、yolov4-pytorch 和 keras-yolov3 框架的速度区别,熟练地搭建 yolov4-tiny-pytorch 框架环境,并且熟练地使用预训练模型和 yolov4-tiny-pytorch 框架进行视频识别,最终对 yolov4-tiny-pytorch 框架形成全面的认识。

项目七　目标训练

◤ 项目描述

　　本项目详细介绍了目标训练的方法和流程,详细描述了对数据集做标注、使用预训练模型运行出 yolov4-tiny-pytorch 框架以及训练出一个口罩模型并进行识别的过程,并讲解了 YOLOV4 算法和 Python 语法,让学生能够更加熟练地使用 PyCharm 软件和 Anaconda 软件,更加熟练地配置 CUDA 10.0 环境。

◤ 知识目标

- 描述目标检测。
- 描述目标训练。
- 描述 LabelImg 标注软件的使用方法。

◤ 技能目标

- 掌握 LabelImg 标注软件的使用方法。
- 掌握目标训练的方法。

◤ 相关知识

一、目标检测

　　在深度学习出现之前,传统的目标检测方法大致分为区域选择、特征提取、分类器三个部分,其主要问题有两方面:滑窗选择策略没有针对性,时间复杂度高,窗口冗余;手工设计的特征鲁棒性较差。在深度学习出现之后,目标检测取得了巨大的突破,最瞩目的两个方向如下:

　　①以 RCNN(regional convolutional neural network,区域卷积神经网络)为代表的基于 Region Proposal(区域选取)的深度学习目标检测算法,如 RCNN、SPP-NET、Fast-RCNN、Faster-RCNN 等;

　　②以 YOLO 为代表的基于回归方法的深度学习目标检测算法,如 YOLO、SSD 等。

　　目标检测是 AI 的一项重要应用,简单来说,就是通过模型在图像中把人、动物、汽车、飞机等目标物体检测出来,甚至还能将物体的轮廓描绘出来(图 2-7-1)。

图 2-7-1　目标检测

二、目标训练

　　目标训练是指通过一个固定的人工智能算法框架对一堆特定数据集进行迭代训练,最终生成一个目标检测模型的过程。

　　在目标训练之前,我们需要进行数据筛选。数据筛选是指选择特定的图片,比如想要训练口罩模型,则需要选择一定数量的口罩图片,这就是数据筛选过程。数据筛选结束之后,我们需要使用 LabelImg 标注软件对所有数据进行标注,标注需要一定的时间。标注完成之后,我们选用固定的人工智能算法框架进行数据训练。

　　本项目使用 yolov4-tiny-pytorch 框架对标注后的数据集进行训练。首先需要配置好环境,然后才能导入数据集。导入数据集后,需要先对数据集做预处理,将这些数据全部生成一堆数据和数组之后,再进行最终的目标训练。在此过程中,不允许中断。训练过程中需要等待时间较长,等待一段时间后,最终训练完成生成目标训练模型,然后再进行模型测试。这就是整个目标训练过程(图 2-7-2)。

图 2-7-2　目标训练

三、LabelImg 标注软件

LabelImg 标注软件是目标训练过程中必须使用的软件,该软件的作用是将数据图片进行标注和分类,同时每张图片都会生成一个 xml 文件,形成一一对应的关系。在使用该标注软件时,我们需要选择两个文件夹,一个用于保存数据图片,一个用于保存标注后生成的文件。在标注图片时需要注意,只要图片上存在的都需要框出,可以是多个,不可以漏掉,同时在标注一类物体时必须使用相同的类别名,不可以更改,每次标注完成之后必须保存,然后才能进行下一张图片的标注(图 2-7-3)。

图 2-7-3 LabelImg 标注软件

任务实施

任务一 使用 LabelImg 软件

任务流程如图 2-7-4 所示。

1. 打开路径 D:\智能分析课程\项目\2. 智能分析深度篇\7. 目标训练\labelImg(具体请使用自己存放的实验项目路径),找到 "labelImg. exe"文件,如图 2-7-5 所示。

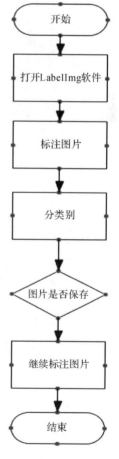

图 2-7-4 LabelImg 软件
任务流程

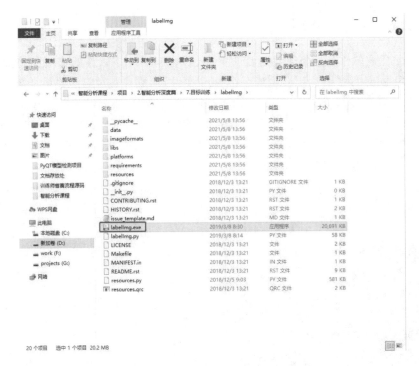

图 2-7-5　打开路径

2.点击"labelImg. exe",打开软件,如图 2-7-6 所示。

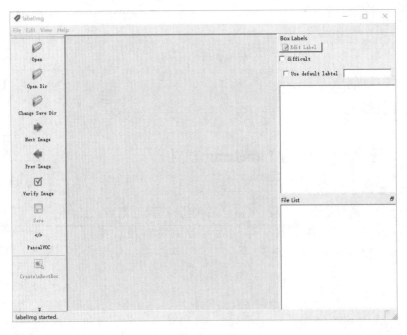

图 2-7-6　打开软件

3.点击"Open Dir"(图 2-7-7),打开存放图片的文件夹,路径为 D:\智能分析课程\项目\
2.智能分析深度篇\7.目标训练\yolov4-tiny-pytorch\VOCdevkit\VOC2007\JPEGImages

（具体请使用自己存放的实验项目路径），如图 2-7-8 所示。

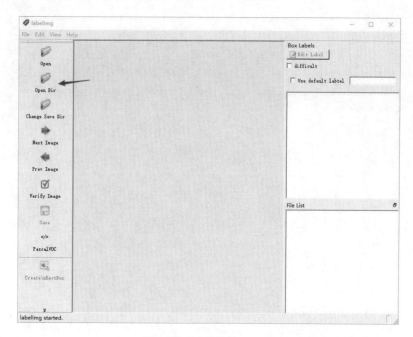

图 2-7-7　点击"Open Dir"

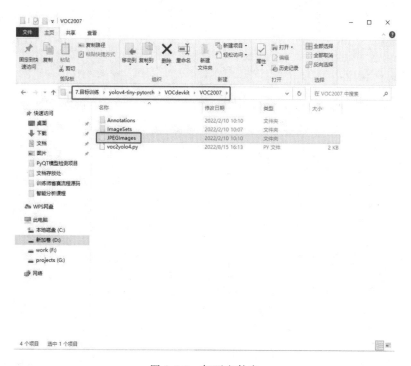

图 2-7-8　打开文件夹

4.点击"Change Save Dir"（图 2-7-9），选择保存标注文件的路径 D:\智能分析课程\项目\2.智能分析深度篇\7.目标训练\yolov4-tiny-pytorch\VOCdevkit\VOC2007\Annotation

（具体请使用自己存放的实验项目路径），如图 2-7-10 所示。

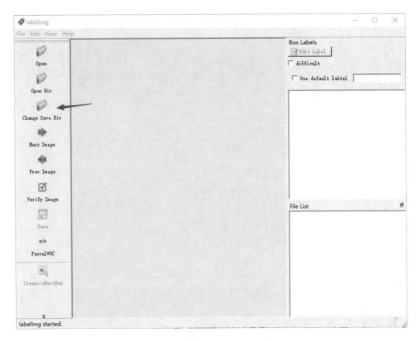

图 2-7-9　点击"Change Save Dir"

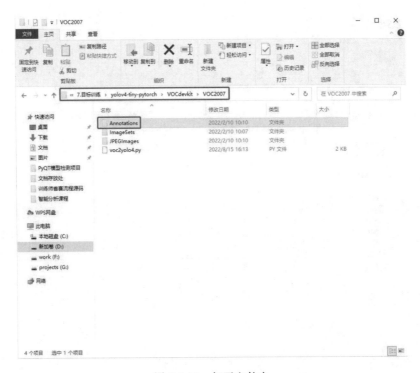

图 2-7-10　打开文件夹

5.点击"Create\nRectBox",然后标注戴口罩的人脸,如图 2-7-11 所示。

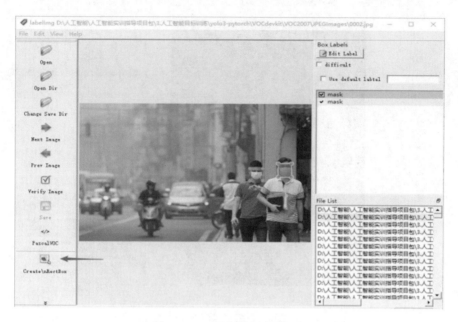

图 2-7-11 标注戴口罩的人脸

6.标注戴口罩的人脸后,标注命名的类别:戴口罩的标"mask",未戴口罩的标"nomask",如图 2-7-12 和图 2-7-13 所示。

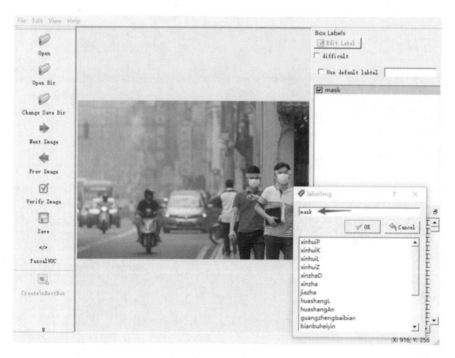

图 2-7-12 戴口罩

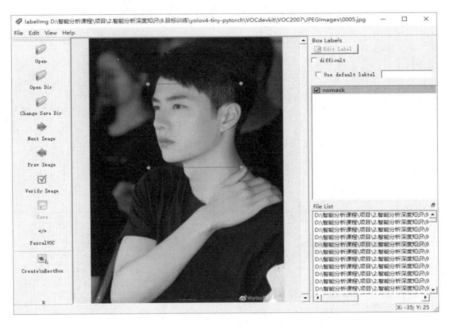

图 2-7-13　未戴口罩

7. 点击"Save"保存，然后点击"Next Image"继续标注下一张图片，直到最后一张图片标注完成，如图 2-7-14 所示。

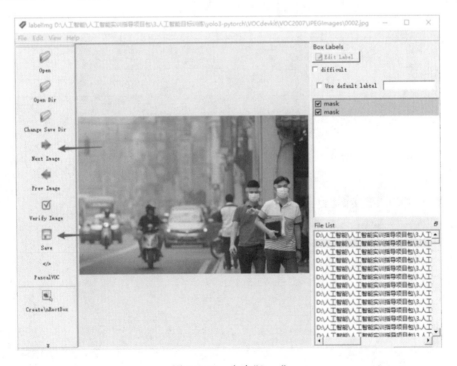

图 2-7-14　点击"Save"

任务二　运行框架

任务流程如图 2-7-15 所示。

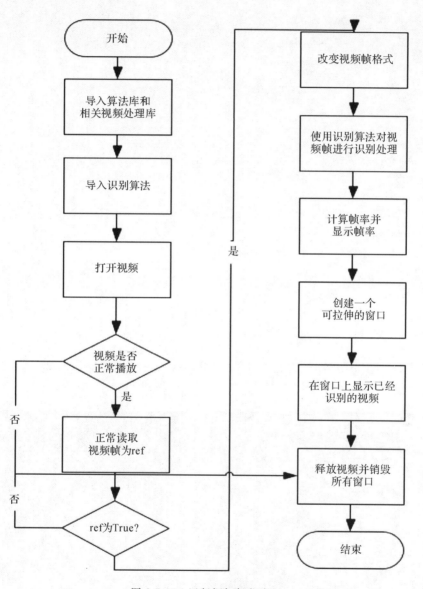

图 2-7-15　运行框架任务流程

1. 打开路径 D:\智能分析课程\项目\2.智能分析深度篇\7.目标训练（具体请使用自己存放的实验项目路径），找到"yolov4-tiny-pytorch"文件，如图 2-7-16 所示。

图 2-7-16 打开路径

2. 打开 PyCharm 软件，依次点击"File"和"Open..."，选择"yolov4-tiny-pytorch"文件后点击"OK"，如图 2-7-17 所示。

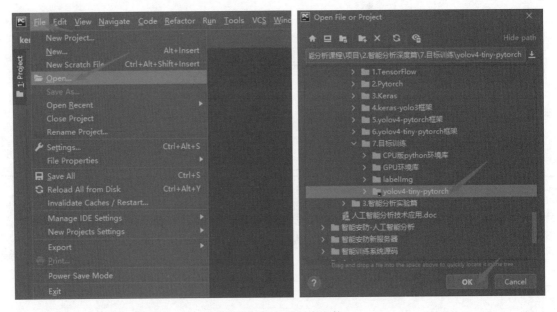

图 2-7-17 打开已有文件

3.出现如下提示。这里我们选择"This Window",如图 2-7-18 所示。

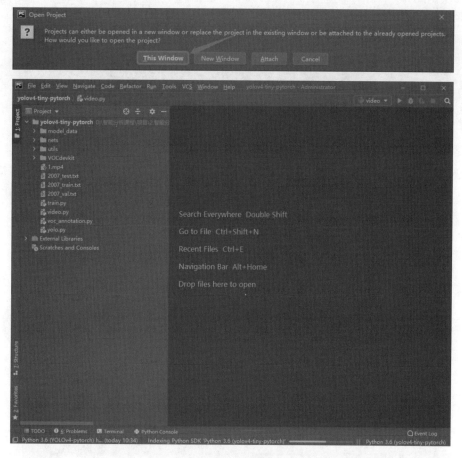

图 2-7-18　窗口选择

4.在这里查看实际运行的 CUDA 环境,CUDA 10.0 版本已在前面环境安装时安装过。要求必须使用 NVIDIA 显卡。这里还需要使用 cmd 命令(nvcc -V)检测是否存在 CUDA 并查看其版本。图 2-7-19 说明 CUDA 存在且版本号为 10.0。

图 2-7-19　检查运行环境与版本

5. 在"yolov4-tiny-pytorch"文件夹中依次点击"File"和"Settings"（图 2-7-20），再点击 "Project：yolov4-tiny-pytorch"下的"Python Interpreter"，然后找到"Python 3.6"（该虚拟环境是在"人脸识别"项目中创建好的），最后点击"OK"（图 2-7-21）。

图 2-7-20　项目设置

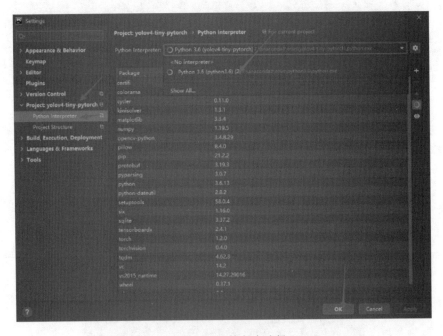

图 2-7-21　环境版本选择

6. 在 PyCharm 软件中点击"Terminal"，打开路径 D:\智能分析课程\项目\2. 智能分析深度篇\7. 目标训练\GPU 环境库（具体请使用自己存放的实验项目路径），如图 2-7-22 所示；然后在"Terminal"中输入命令，如图 2-7-23 所示。

命令如下：

cd D:\智能分析课程\项目\2.智能分析深度篇\7.目标训练\GPU 环境库

pip install-r requirements.txt

图 2-7-22　打开路径

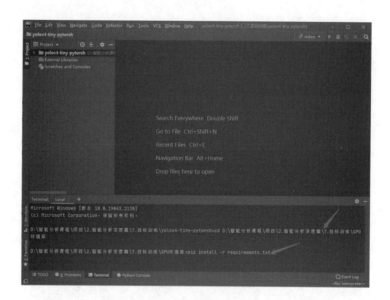

图 2-7-23　安装环境

如果是低配版计算机，无显卡，则加载 CPU 环境的 Python 库，使用以下步骤：

在 PyCharm 软件中点击"Terminal"，打开路径 D:\智能分析课程\项目\2.智能分析深度篇\7.目标训练\CPU 版 python 环境库(具体请使用自己存放的实验项目路径),如图 2-7-24 所示;然后在"Terminal"中输入命令,如图 2-7-25 所示。

命令如下:

cd D:\智能分析课程\项目\2.智能分析深度篇\7.目标训练\CPU 版 python 环境库

pip install-r requirements.txt

图 2-7-24　打开路径

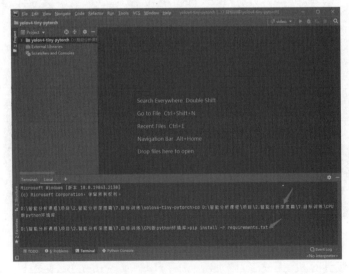

图 2-7-25　安装环境

7. 准备创建一个"video. py"文件。右键点击"yolov4-tiny-pytorch"文件夹,然后选择"New",点击"Python File"(图 2-7-26),填写"video. py"(图 2-7-27),按回车键,创建完成(图 2-7-28)。

图 2-7-26　创建 Python 文件

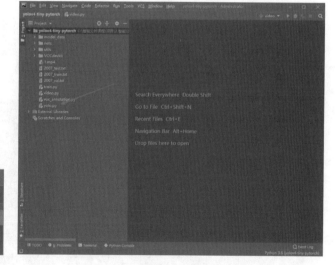

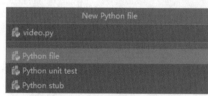

图 2-7-27　命名 Python 文件

图 2-7-28　创建完成

8. 接着在"video. py"文件内编写代码,导入五个 Python 库,如图 2-7-29 所示。

代码如下:

```
from yolo import YOLO
import time
import numpy as np
from PIL import Image
import cv2
```

9.定义 detect_video()函数,其作用是使用预训练模型来检测视频中的内容。该函数有两个参数,第一个参数是算法参数能够调用识别的算法,第二个参数是视频参数,可以放入视频的路径,如图 2-7-30 所示。

代码如下:

```
def detect_video(yolo,video_path):
```

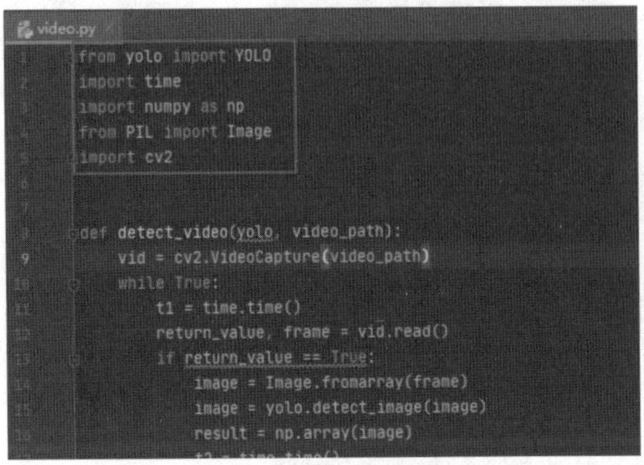

图 2-7-29　导入库文件 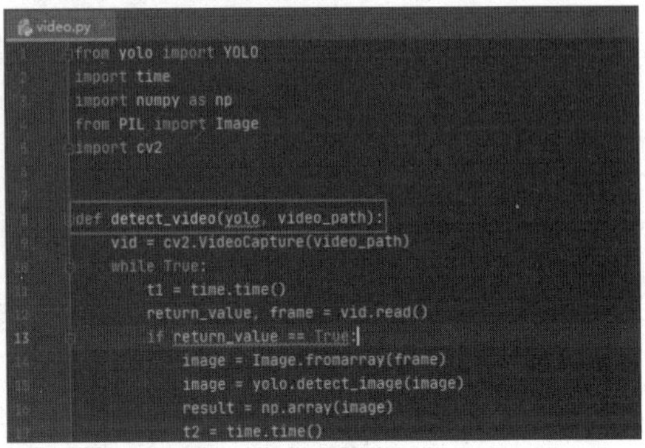　　　　　　　　　图 2-7-30　定义函数

10.读取视频并放入变量中,如图 2-7-31 所示。

代码如下:

```
vid = cv2.VideoCapture(video_path)
```

11.写一个 while 循环,读取视频内的每一帧,如图 2-7-32 所示。

代码如下:

```
while True:
```

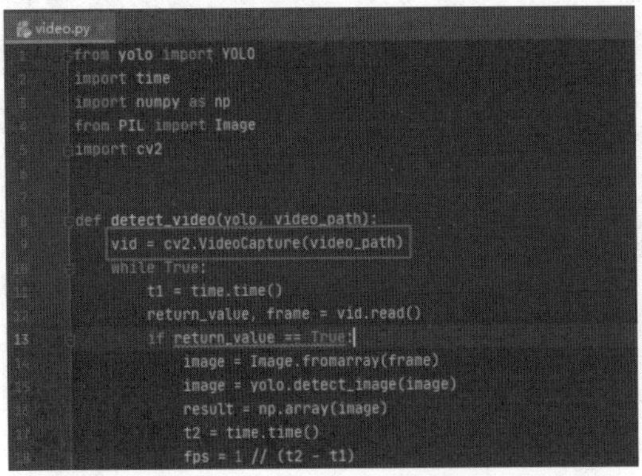

图 2-7-31　读取视频并放入变量中　　　　　　图 2-7-32　while 循环

12.将当前的时间点放入变量中,同时读取视频帧,如图 2-7-33 所示。

代码如下:

```
t1 = time.time()
return_value,frame = vid.read()
```

13.做一个判断,当有视频帧时,执行以下算法识别程序,如图 2-7-34 所示。

代码如下:

if return_value = = True:

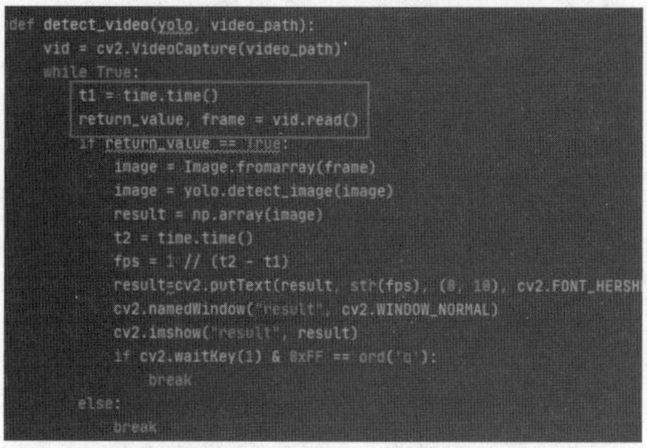

图 2-7-33　按时间读取视频

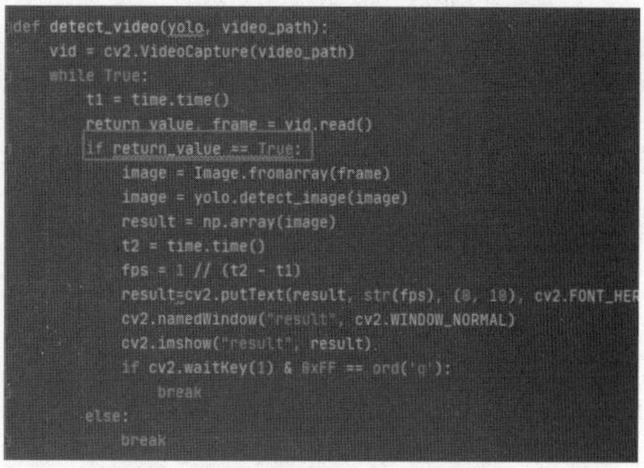

图 2-7-34　算法识别程序

14.转换视频帧的格式,同时执行算法识别程序,如图 2-7-35 所示。

代码如下:

image = Image.fromarray(frame)

image = yolo.detect_image(image)

result = np.array(image)

15.将执行算法后的时间点再次放入变量,同时计算出帧率,如图 2-7-36 所示。

代码如下:

t2 = time.time()

fps = 1 // (t2 - t1)

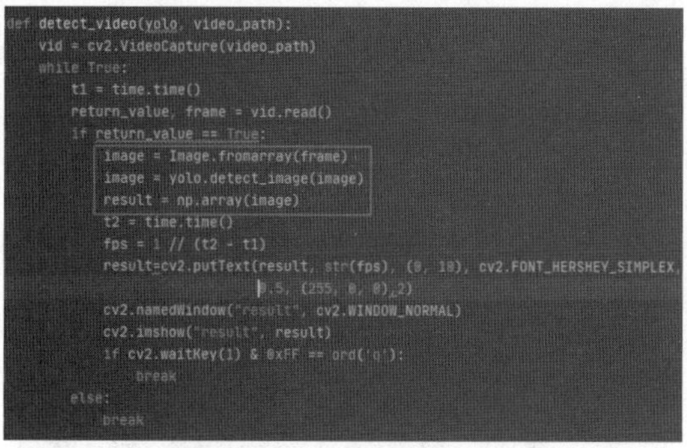

图 2-7-35　转换视频帧格式

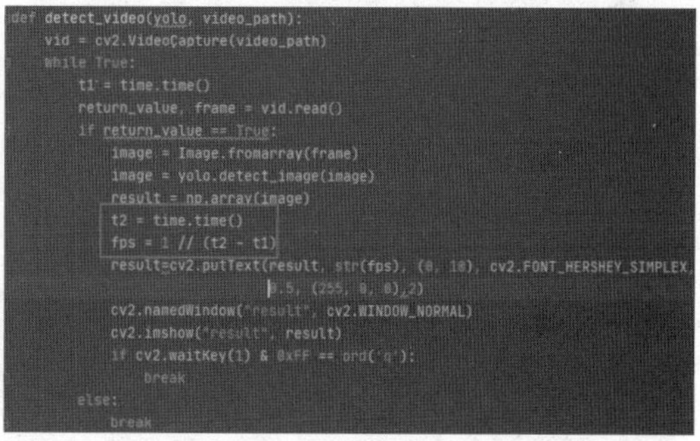

图 2-7-36　计算帧率

16.使用 putText()函数将帧率和识别到的物体名写入每一帧的视频中,如图 2-7-37
所示。

代码如下:

result = cv2.putText (result,str(fps),(0,10),cv2.FONT_HERSHEY_SIMPLEX,0.5,
　　　　　(255,0,0),2)

17.创建一个可拉伸的窗口,同时在窗口中显示处理好的整个视频流,如图 2-7-38 所示。

代码如下:

```
cv2.namedWindow("result",cv2.WINDOW_NORMAL)
cv2.imshow("result",result)
if cv2.waitKey(1) & 0xFF = = ord('q'):
    break
```

图 2-7-37　写入每一帧　　　　　　　　　　　图 2-7-38　可拉伸的窗口

18.如果视频帧中断或者视频放完,则中断循环程序,如图 2-7-39 所示。

代码如下:

```
else:
    break
```

19.写一个程序入口,将算法识别程序和视频路径放入,同时执行定义的 detect_video() 函数,如图 2-7-40 所示。注意:如果想要使用网络视频流,需要使用实训中的海康摄像头设备,同时需要将 detect_video(yolo,"1.mp4")中的本地路径换成 rtsp://admin:【摄像头密码】@【摄像头 ip】/Streaming/Channels/2。本次实训中使用本地视频路径 detect_video(yolo,"1.mp4")。

代码如下:

```
if __name__ = = '__main__':
    yolo = YOLO()
    detect_video(yolo,"1.mp4")
```

图 2-7-39　跳出循环　　　　　　　　　　　图 2-7-40　定义视频

20. 右键点击"video. py"并运行,如图 2-7-41 所示。运行结果如图 2-7-42 所示。

图 2-7-41　运行程序

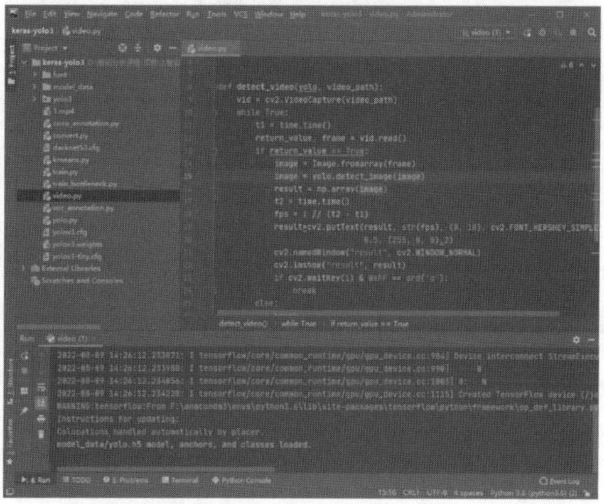

图 2-7-42　运行结果

如果加载的是 CPU 环境的 Python 库,则需要注释"yolo. py"里 CUDA 加速识别的代码。先注释"yolo. py"的第 71—74 行,如图 2-7-43 所示;再注释"yolo. py"的第 107—108 行,如图 2-7-44 所示;最后运行"video. py"文件。

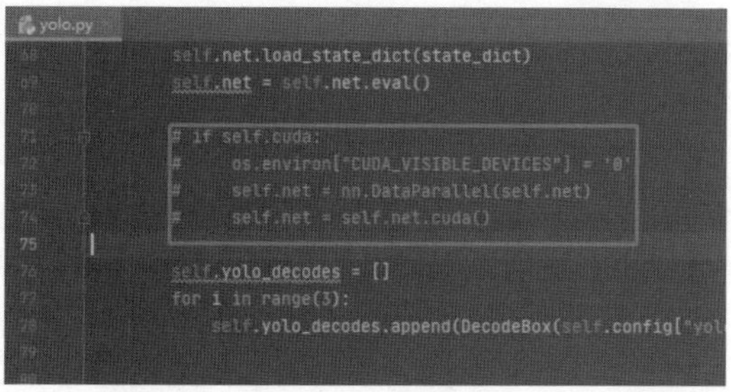

图 2-7-43　第 71—74 行

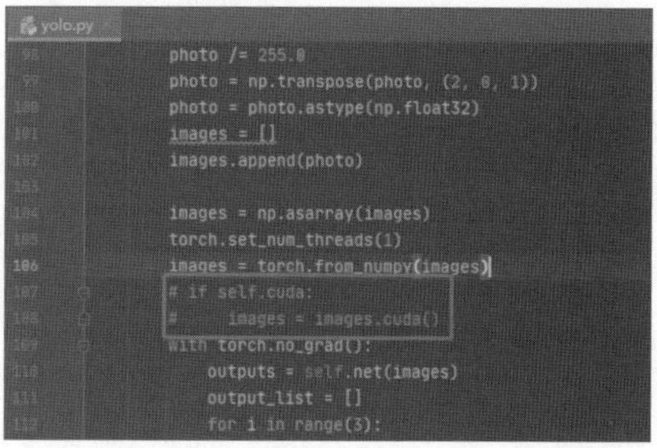

图 2-7-44　第 107—108 行

21. 运行成功后,窗口如图 2-7-45 所示。

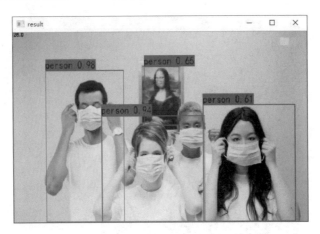

图 2-7-45　窗口展示

任务三　训练口罩模型并检测

任务流程如图 2-7-46 所示。

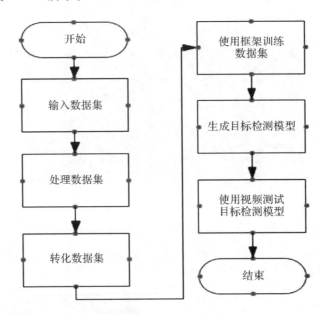

图 2-7-46　训练口罩模型并检测任务流程

1. 使用预训练模型运行 yolov4-tiny-pytorch 框架后,在"model_data"文件夹中创建一个"mask. txt"文件。右键点击"model_data"文件夹,然后选择"New",点击"File"(图 2-7-47),填写"mask. txt"(图 2-7-48)即可创建成功。然后在"mask. txt"文件中写两个标签:mask 和 nomask(图 2-7-49)。

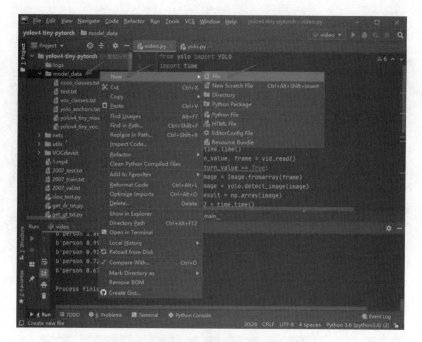

图 2-7-47　创建 txt 文件

图 2-7-48　命名 txt 文件

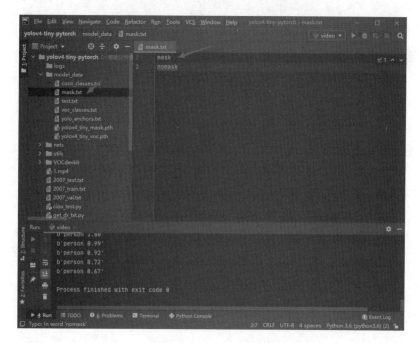

图 2-7-49　写两个标签

2.找到"voc2yolo4.py"文件,如图 2-7-50 所示。

3.右键点击"voc2yolo4.py"并运行,如图 2-7-51 所示。

图 2-7-50 找到"voc2yolo4.py"文件 　　　　图 2-7-51 运行"voc2yolo4.py"文件

4.找到"voc_annotation.py"文件,如图 2-7-52 所示。

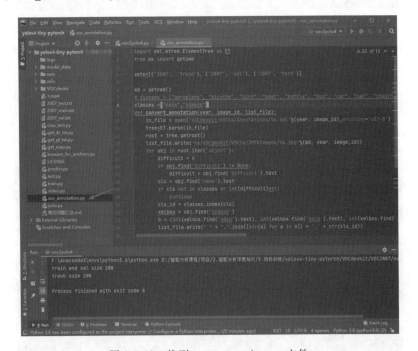

图 2-7-52 找到 voc_annotation.py 文件

5.打开"voc_annotation.py"文件,修改第 8 行为 classes =["mask","nomask"],如图 2-7-53所示。

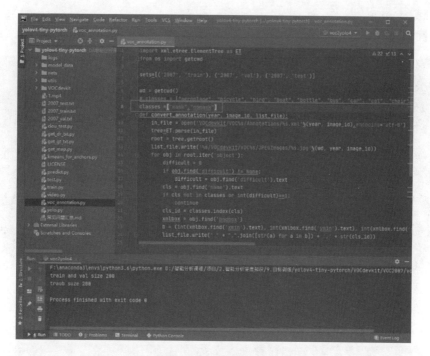

图 2-7-53 修改第 8 行

6. 右键点击"voc_annotation. py"并运行，如图 2-7-54 所示。

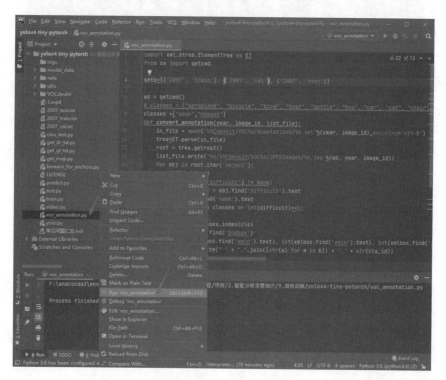

图 2-7-54 运行"voc_annotation. py"文件

7. 找到"train. py"文件,如图 2-7-55 所示。

8. 右键点击"train. py"并运行,如图 2-7-56 所示。

图 2-7-55 找到"train. py"文件

图 2-7-56 运行"train. py"文件

9. 等待运行,数据迭代后生成口罩模型,如图 2-7-57 所示。

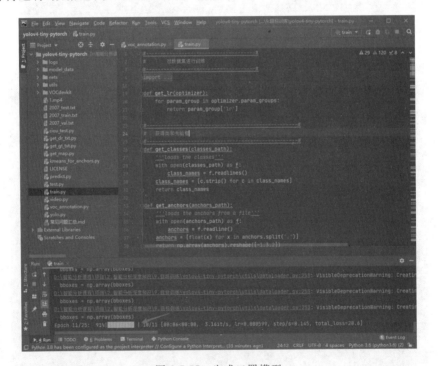

图 2-7-57 生成口罩模型

如果是低配版计算机,无显卡,可直接在项目的"model_data"文件夹内获取"yolov4_tiny_mask. pth"模型,放入"logs"文件夹,如图 2-7-58 所示。

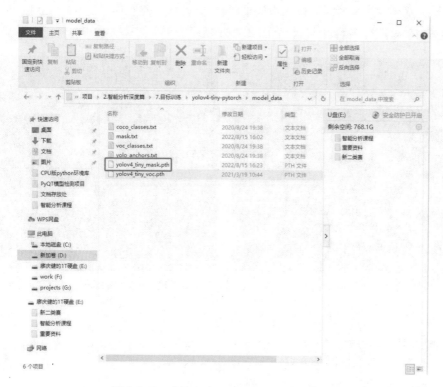

图 2-7-58 获取 yolov4_tiny_mask.pth 模型

10.生成的模型存放在"logs"文件夹,模型名字为"yolov4_tiny_mask.pth",如图 2-7-59 所示。

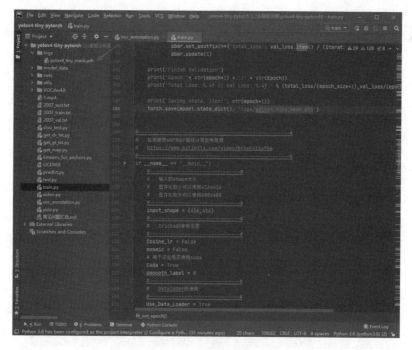

图 2-7-59 模型名字为"yolov4_tiny_mask.pth"

11.生成模型后准备测试口罩模型效果。打开"yolo.py"文件,如图 2-7-60 所示,修改第 23 行模型路径和第 25 行标签路径,如图 2-7-61 所示。

图 2-7-60　打开"yolo.py"文件　　　　　　图 2-7-61　修改第 23 行和第 25 行

将

"model_path":'model_data/yolov4_tiny_voc.pth',

"anchors_path":'model_data/yolo_anchors.txt',

"classes_path":'model_data/voc_classes.txt',

修改成

"model_path":'logs/yolov4_tiny_mask.pth',

"anchors_path":'model_data/yolo_anchors.txt',

"classes_path":'model_data/mask.txt',

12.右键点击"video.py"并运行,如图 2-7-62 所示。

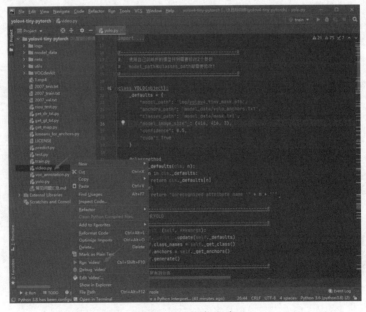

图 2-7-62　运行程序

如果加载的是 CPU 环境的 Python 库，则需要注释"yolo.py"里 CUDA 加速识别的代码。先注释"yolo.py"的第71—74行，如图2-7-63所示；再注释"yolo.py"的第107—108行，如图2-7-64所示；最后运行"video.py"文件。

图 2-7-63　第 71—74 行　　　　　　图 2-7-64　第 107—108 行

13.运行成功后，窗口如图 2-7-65 所示。

图 2-7-65　窗口展示

 项目小结

通过本项目的学习，可以了解目标检测和目标训练的区别，了解对大量的数据集进行标注的过程，熟练地使用 yolov4-tiny-pytorch 框架环境进行不同物体的模型训练，熟练地使用预训练模型和 yolov4-tiny-pytorch 框架进行视频识别，最终对目标训练形成全面的认识。

3 智能分析实验篇

项目一　深度火焰识别

项目描述

　　本项目详细介绍了卷积神经网络的作用和火焰识别的步骤，详细描述了如何创建火焰识别环境，以及如何使用代码调用火焰识别算法并对视频进行火焰检测，最终实现火焰识别的应用。

知识目标

- 了解卷积神经网络的作用。
- 了解火焰识别步骤。

技能目标

- 熟练地配置火焰识别环境。
- 掌握人工智能深度火焰识别分析技术。

相关知识

一、卷积神经网络

　　20 世纪 60 年代，Hubel 等人通过对猫视觉皮层细胞的研究，提出了感受野（receptive field）的概念。到 80 年代，Fukushima 在此基础之上提出了神经认知机（neocognitron）的概念，它可以被看作卷积神经网络（convolutional neural network，CNN）的第一个实现网络。神经认知机将一个视觉模式分解成许多子模式，然后进入分层递阶式相连的特征平面，试图将视觉系统模型化，使其能够在物体有位移或轻微变形时，也能够完成识别（图 3-1-1）。

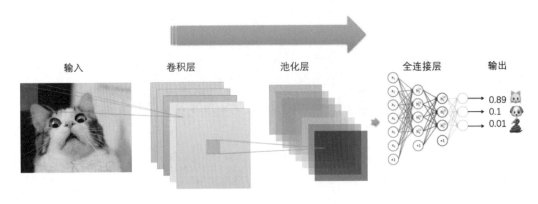

图 3-1-1　卷积神经网络

二、火焰识别

　　火焰的图像识别,主要围绕火焰的颜色特征、运动特征、几何特征与纹理特征来分析。这些特征可以用传统的算法计算,也可以交由卷积神经网络提取。

　　这里采用卷积神经网络提取火焰图像。使用卷积神经网络来完成火焰识别时,因为卷积神经网络的卷积层可以在训练中学习到颜色、几何与纹理特征,所以可直接输入整幅图片判断,无须寻找火焰区域,即可自动划定火焰区域,计算各特征后再进行决策(图 3-1-2)。

图 3-1-2　火焰识别

任务实施

任务一　火焰识别

　　任务流程如图 3-1-3 所示。

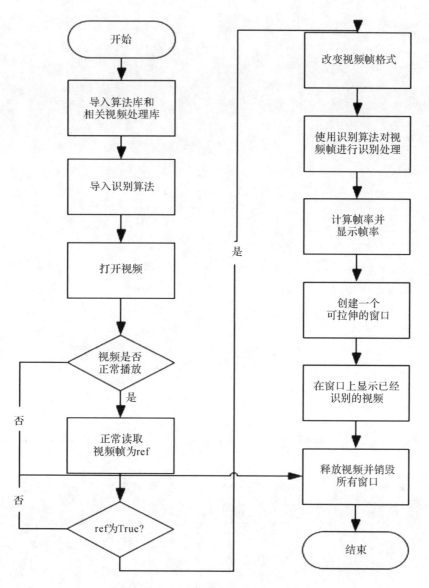

图 3-1-3　卷积神经网络任务流程

1.打开路径 D:\智能分析课程\项目\3.智能分析实验篇\1.深度火焰识别(具体请使用自己存放的实验项目路径),找到"fire"文件,如图 3-1-4 所示。

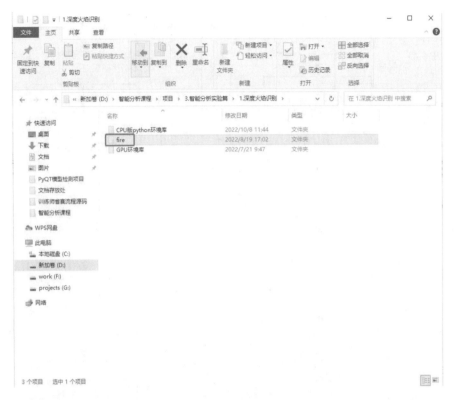

图 3-1-4　打开路径

2. 打开 PyCharm 软件，依次点击"File"和"Open..."，打开上述路径，选择"fire"文件后点击"OK"，如图 3-1-5 所示。

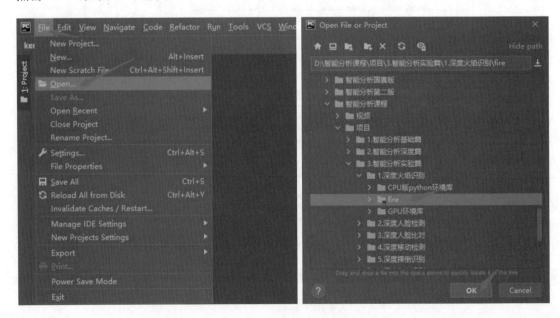

图 3-1-5　打开已有文件

3. 出现如下提示。这里我们选择"This Window",如图 3-1-6 所示。

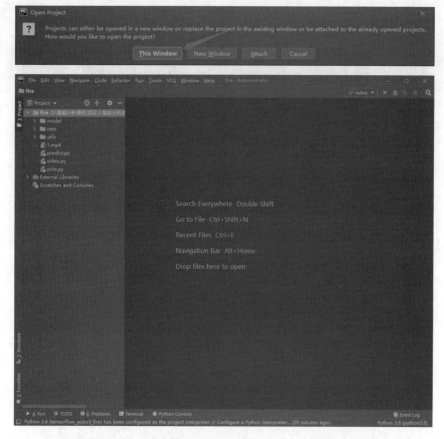

图 3-1-6 窗口选择

4. 在这里查看实际运行的 CUDA 环境,CUDA 10.0 版本已在前面环境安装时安装过。要求必须使用 NVIDIA 显卡。这里还需要使用 cmd 命令(nvcc -V)检测是否存在 CUDA 并查看其版本。图 3-1-7 说明 CUDA 存在且版本号为 10.0。

图 3-1-7 检查运行环境与版本

5. 在"fire"文件夹中依次点击"File"和"Settings"（图 3-1-8），再点击"Project：fire"下的"Python Interpreter"，然后找到"Python 3.6"（该虚拟环境是在"人脸识别"项目中创建好的），最后点击"OK"（图 3-1-9）。

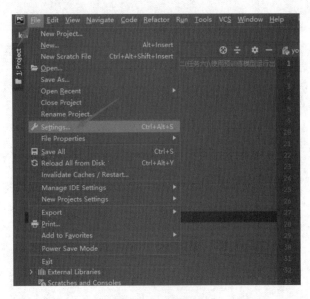

图 3-1-8　项目设置

图 3-1-9　版本选择

6. 在 PyCharm 软件中点击"Terminal"，打开路径 D:\智能分析课程\项目\3.智能分析实验篇\1.深度火焰识别\GPU 环境库（具体请使用自己存放的实验项目路径），如图 3-1-10所示；然后在"Terminal"中输入命令，如图 3-1-11 所示。

命令如下：

cd D:\智能分析课程\项目\3.智能分析实验篇\1.深度火焰识别\GPU 环境库

pip install-r requirements.txt

图 3-1-10 打开路径

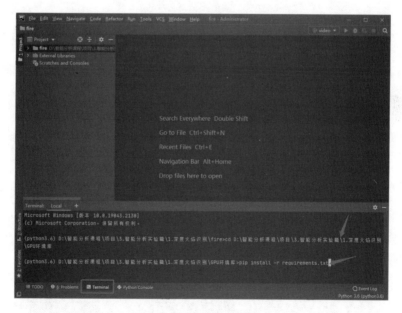

图 3-1-11 安装环境

如果是低配版计算机无显卡,则加载 CPU 环境的 Python 库,使用以下步骤:

在 PyCharm 软件中点击"Terminal",打开路径 D:\智能分析课程\项目\3.智能分析实验篇\1.深度火焰识别\CPU 版 python 环境库(具体请使用自己存放的实验项目路径),如

图 3-1-12 所示；然后在"Terminal"中输入命令，如图 3-1-13 所示。

命令如下：

cd D:\智能分析课程\项目\3.智能分析实验篇\1.深度火焰识别\CPU 版 python 环境库

pip install-r requirements.txt

图 3-1-12　打开路径

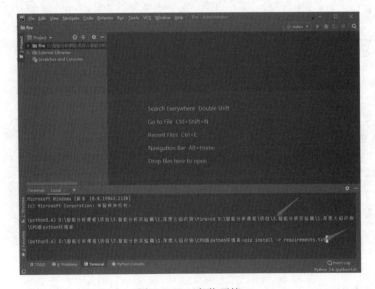

图 3-1-13　安装环境

7. 准备创建一个"video. py"文件。右键点击"fire"文件夹，然后选择"New"，点击"Python File"（图 3-1-14），填写"video. py"（图 3-1-15），按回车键，创建完成（图 3-1-16）。

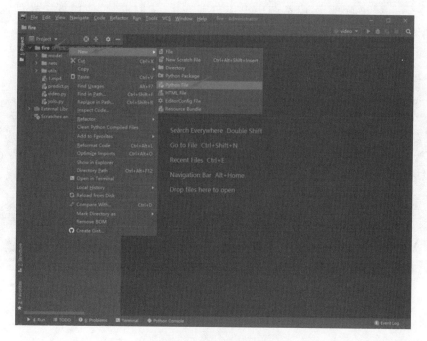

图 3-1-14 创建 Python 文件

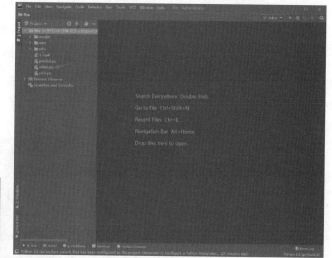

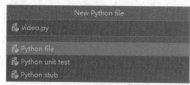

图 3-1-15 命名 Python 文件

图 3-1-16 创建完成

8. 接着在"video. py"文件内编写代码, 导入五个 Python 库, 如图 3-1-17 所示。

代码如下：

```
from yolo import YOLO
from PIL import Image
import numpy as np
import cv2
import time
```

9.定义 main()函数,其作用是调用火焰识别算法,读取视频,使用算法处理视频,并展现出来,如图 3-1-18 所示。

代码如下:

```
def main():
```

![图 3-1-17 和 图 3-1-18 代码截图]

图 3-1-17　导入库文件　　　　　　　　图 3-1-18　定义函数

10.调用火焰识别算法,如图 3-1-19 所示。

代码如下:

```
yolo = YOLO()
```

11.读取视频流。注意:如果想要使用网络视频流,需要使用实训中的海康摄像头设备,同时需要将 cv2.VideoCapture("1.mp4")中的本地路径换成 rtsp://admin:【摄像头密码】@【摄像头 ip】/Streaming/Channels/2。本次实训中使用本地视频流路径 cv2.VideoCapture("1.mp4"),如图 3-1-20 所示。

代码如下:

```
capture = cv2.VideoCapture("1.mp4")
```

图 3-1-19　调用算法　　　　　　　　图 3-1-20　读取视频流

12.定义一个 while 循环,以便处理视频流,如图 3-1-21 所示。

代码如下:

```
while (True):
```

13. 将当前的时间点放入变量中,同时读取视频帧,如图 3-1-22 所示。

代码如下:

```
t1 = time.time()

ref,frame = capture.read()
```

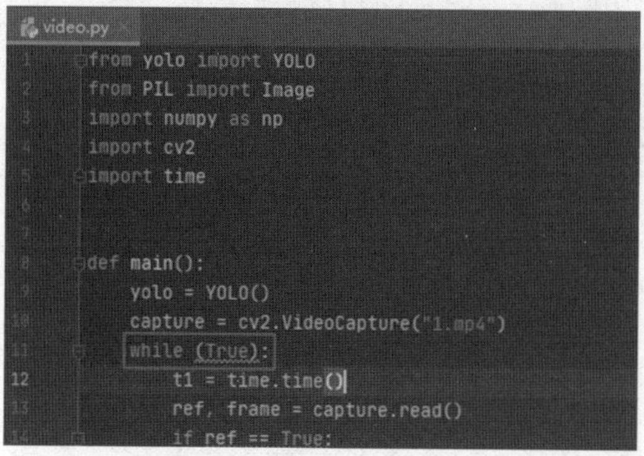

图 3-1-21　while 循环

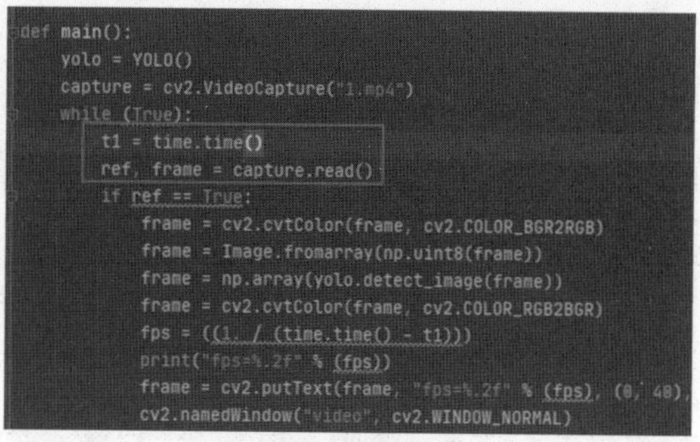

图 3-1-22　读取视频帧

14. 做一个判断,当有视频帧时,执行以下算法识别程序,如图 3-1-23 所示。

代码如下:

```
if ref = = True:
```

15. 转换视频帧的格式,同时执行算法识别程序,如图 3-1-24 所示。

代码如下:

```
frame = cv2.cvtColor(frame,cv2.COLOR_BGR2RGB)

frame = Image.fromarray(np.uint8(frame))

frame = np.array(yolo.detect_image(frame))

frame = cv2.cvtColor(frame,cv2.COLOR_RGB2BGR)
```

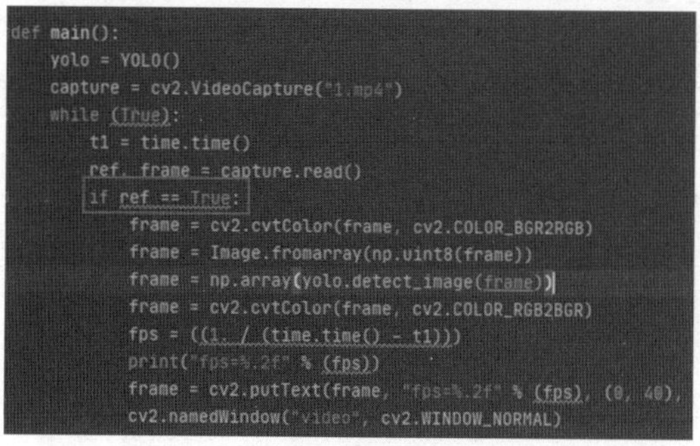

图 3-1-23　算法识别程序

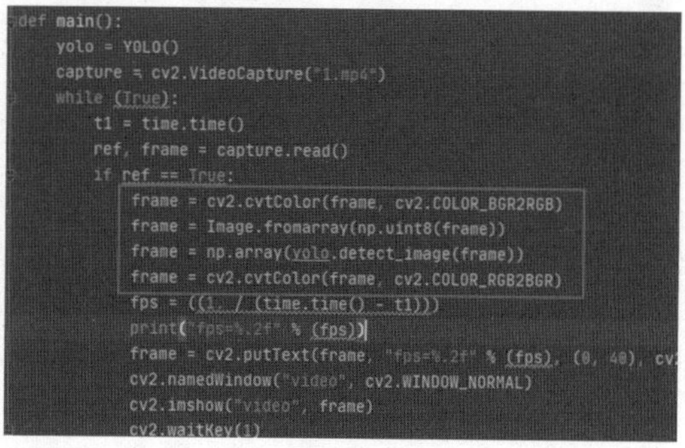

图 3-1-24　转换视频帧格式

16. 根据时间差,计算出帧率,如图 3-1-25 所示。

代码如下:

```
fps = ((1./ (time.time() - t1)))

print("fps = %.2f" % (fps))
```

17.使用 putText()函数将帧率和识别到的物体名写入每一帧的视频中,如图 3-1-26 所示。

代码如下:

```
frame = cv2.putText(frame,"fps = %.2f" % (fps),(0,40),
                cv2.FONT_HERSHEY_SIMPLEX,1,(255,255,255),2)
```

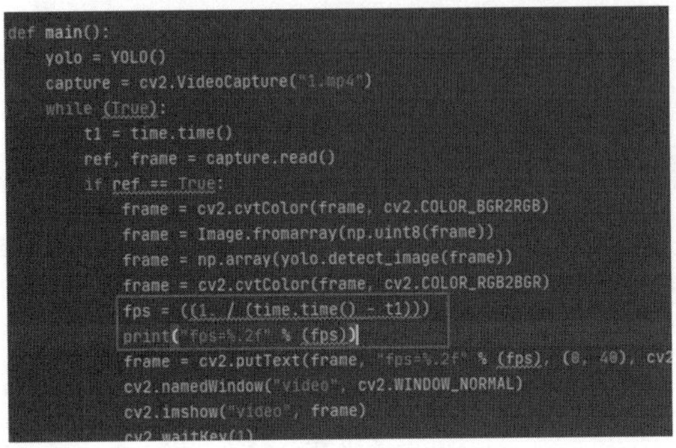

图 3-1-25　计算帧率

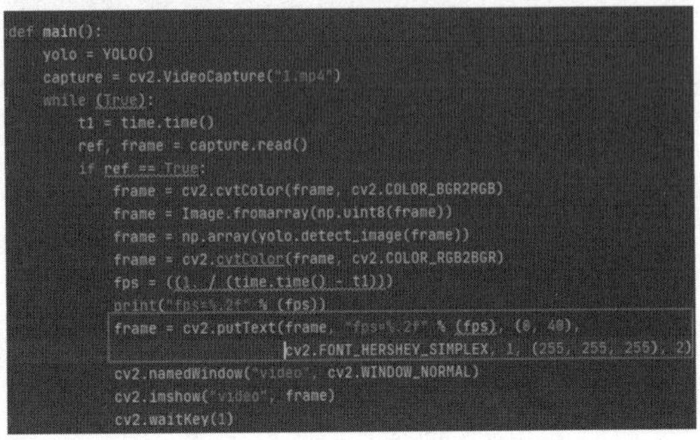

图 3-1-26　写入每一帧

18.创建一个可拉伸的窗口,同时在窗口中显示处理好的整个视频流,如图 3-1-27 所示。

代码如下:

```
cv2.namedWindow("video",cv2.WINDOW_NORMAL)

cv2.imshow("video",frame)

cv2.waitKey(1)
```

19.如果视频帧中断或者视频放完,则中断循环程序,如图 3-1-28 所示。

代码如下:

```
else:
    break
```

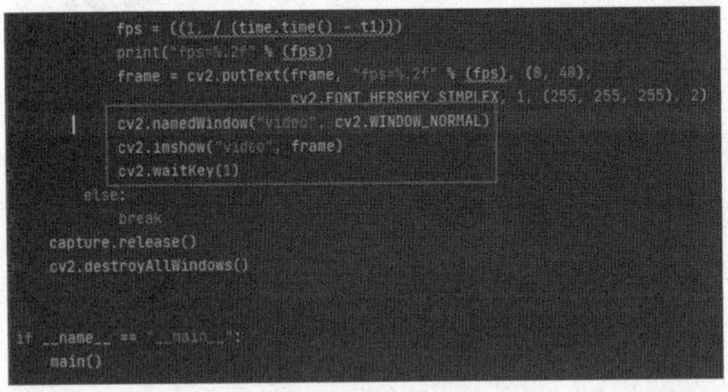

图 3-1-27　可拉伸的窗口

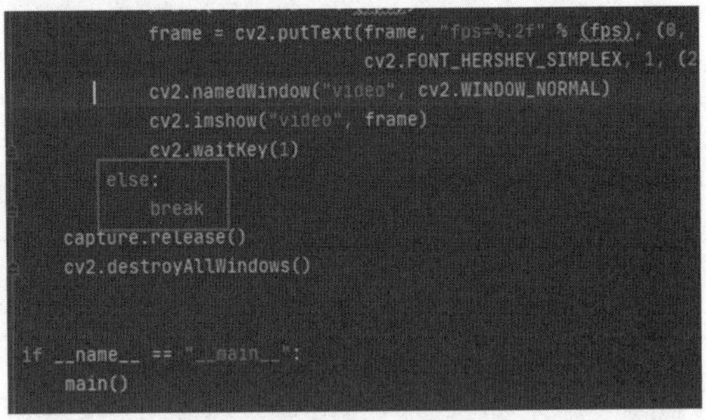

图 3-1-28　跳出循环

20.视频处理完成后,释放视频并销毁所有窗口,如图 3-1-29 所示。

代码如下:

```
capture.release()

cv2.destroyAllWindows()
```

21. 写一个程序入口，同时执行 main() 函数，如图 3-1-30 所示。

代码如下：

```
if __name__ == "__main__":
    main()
```

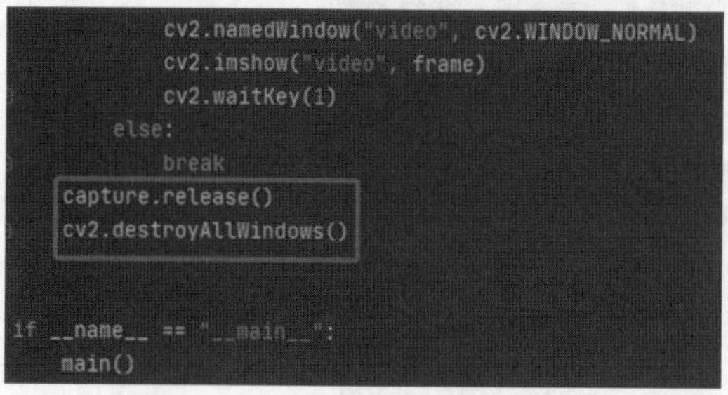

图 3-1-29　释放视频并销毁窗口

图 3-1-30　执行 main() 函数

22. 找到"yolo.py"文件，如图 3-1-31 所示。

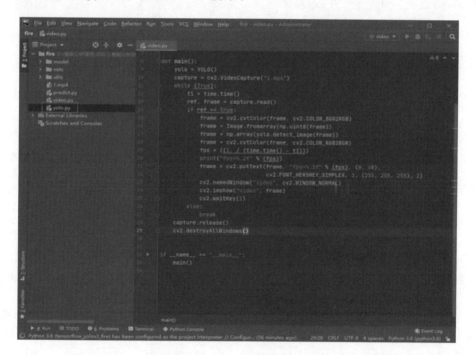

图 3-1-31　找到"yolo.py"文件

23. 打开"yolo.py"文件，修改第 26—27 行，修改模型路径和标签路径，如图 3-1-32 所示。

```
"model_path":'model/yolo_wights_fire.pth',
"classes_path":'model/fire_classes.txt',
```

图 3-1-32　模型路径和标签路径

24. 右键点击"video. py"并运行,如图 3-1-33 所示。

图 3-1-33　运行程序

如果加载的是 CPU 环境的 Python 库,则需要注释"yolo. py"里 CUDA 加速识别的代码。先注释"yolo. py"的第 71—74 行,如图 3-1-34 所示;再注释"yolo. py"的第 107—108 行,如图 3-1-35 所示;最后运行"video. py"文件。

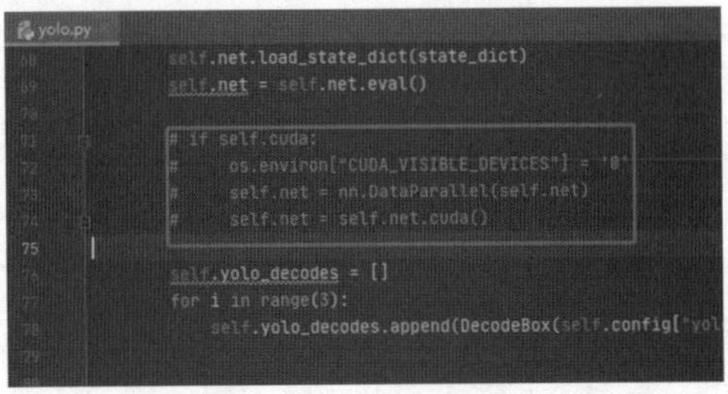

图 3-1-34　第 71—74 行

```
yolo.py
 98        photo /= 255.0
 99        photo = np.transpose(photo, (2, 0, 1))
100        photo = photo.astype(np.float32)
101        images = []
102        images.append(photo)
103
104        images = np.asarray(images)
105        torch.set_num_threads(1)
106        images = torch.from_numpy(images)
107        # if self.cuda:
108        #     images = images.cuda()
109        with torch.no_grad():
110            outputs = self.net(images)
111            output_list = []
112            for i in range(3):
```

图 3-1-35　第 107—108 行

25. 运行成功后,窗口如图 3-1-36 所示。

图 3-1-36　窗口展示

项目小结

通过本项目的学习,可以了解卷积神经网络的作用和火焰识别的步骤,了解如何对视频内的火焰区域做准确的标注处理,你能够熟练地配置火焰识别框架环境,熟练地使用预训练模型和火焰识别框架进行视频识别,最终对火焰识别形成全面的认识。

项目二 深度人脸检测

项目描述

本项目详细介绍了通用物体检测算法和人脸检测步骤，详细描述了如何创建人脸检测环境，以及如何使用代码调用人脸检测算法并对视频进行人脸检测，最终实现人脸检测的应用。

知识目标

- 了解通用物体检测算法。
- 了解人脸检测步骤。

技能目标

- 熟练地配置人脸检测环境。
- 掌握人工智能深度人脸检测分析技术。

相关知识

一、通用物体检测算法

通用物体检测通常是指在图像中检测出物体出现的位置及对应的类别，它是计算机视觉中的根本问题之一，也是最基础的问题之一，如图像分割、物体追踪、关键点检测等技术都依赖通用物体检测算法。

物体检测已广泛应用于日常生活中，如浏览器的拍照识图、自动驾驶领域的行人车辆检测、道路目标检测及图像分类等。

通用物体检测算法有基于描框与无须描框两种，无须描框的算法包括关键点算法和中心域算法，而基于描框的算法包括单阶段算法和多阶段算法。本项目采用的 YOLO 算法框架则属于基于描框的多阶段算法，如图 3-2-1 所示。

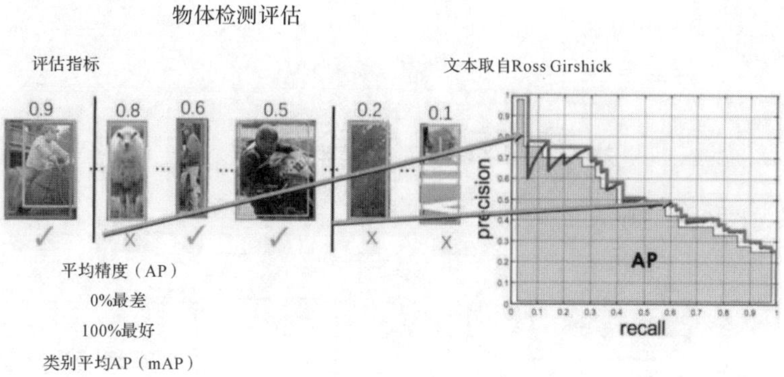

图 3-2-1　YOLO算法

二、人脸检测

人脸检测是目标检测的一种特殊情形。通用物体检测针对的是多类别,人脸检测针对的是二分类,只检测人脸这个类别。

通用物体检测算法都可以直接用于人脸检测,只需改一下输出类别即可。但是如果直接使用,会出现一些问题,因为通用物体检测考虑的是更广泛的物体,这些类别更宽泛。

人脸检测虽然类别单一,但也不是那种简单的检测任务,人脸角度、背景光照、类人脸的干扰物体、极小人脸等都是人脸检测的难题。通用物体检测模型对于人脸检测来说存在冗余,并且缺乏对人脸数据针对性的设计,如 anchor(固定的参考框)设计,尤其是对于尺度范围很大的人脸检测场景来说很难训练出好的结果。

因此在通用物体上表现较好的模型在人脸检测上不一定表现得好。人脸检测的问题可以针对性地解决,如 anchor 的设置、背景的处理等。直接将通用物体检测算法套用在人脸检测上,不一定能达到最好的效果,需要具体情况具体分析。这里我们使用 YOLO 深度学习框架来对人脸进行检测,如图 3-2-2 所示。

图 3-2-2　批量人脸检测

任务实施

任务一　人脸检测

任务流程如图 3-2-3 所示。

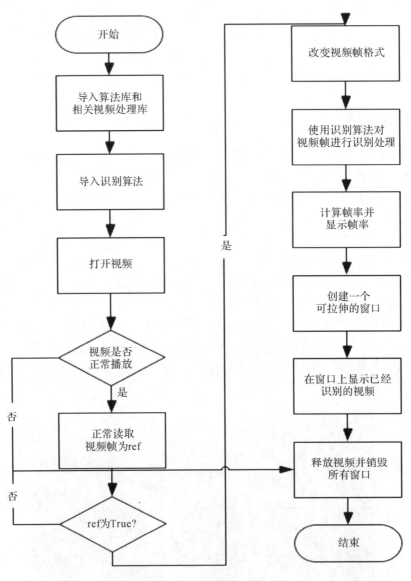

图 3-2-3　人脸检测任务流程

1.打开路径 D:\智能分析课程\项目\3.智能分析实验篇\2.深度人脸检测(具体请使用自己存放的实验项目路径),找到"face"文件,如图 3-2-4 所示。

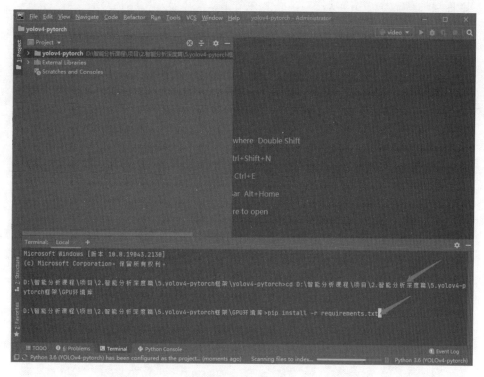

图 3-2-4　打开路径

2. 打开 PyCharm 软件，依次点击"File"和"Open…"，选择"face"文件后点击"OK"，如图 3-2-5 所示。

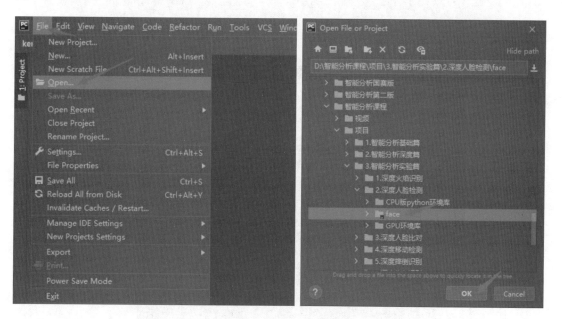

图 3-2-5　打开已有文件

3. 出现如下提示。这里我们选择"This Window",如图 3-2-6 所示。

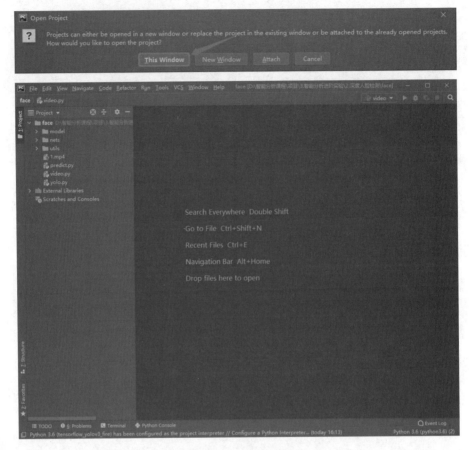

图 3-2-6　窗口选择

4. 在这里查看实际运行的 CUDA 环境,CUDA 10.0 版本已在前面环境安装时安装过。要求必须使用 NVIDIA 显卡。这里还需要使用 cmd 命令(nvcc -V)检测是否存在 CUDA 并查看其版本。图 3-2-7 说明 CUDA 存在且版本号为 10.0。

图 3-2-7　检查运行环境与版本

5.在"face"文件夹中依次点击"File"和"Settings"(图 3-2-8),再点击"Project:face"下的"Python Interpreter",然后找到"Python 3.6"(该虚拟环境是在"人脸识别"项目中创建好的),最后点击"OK"(图 3-2-9)。

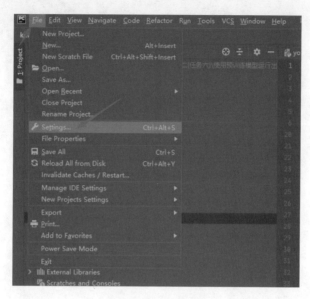

图 3-2-8 项目设置

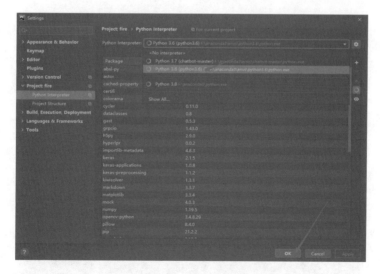

图 3-2-9 版本选择

6.在 PyCharm 软件中点击"Terminal",打开路径 D:\智能分析课程\项目\3.智能分析实验篇\2.深度人脸检测\GPU 环境库(具体请使用自己存放的实验项目路径),如图 3-2-10 所示;然后在"Terminal"中输入命令,如图 3-2-11 所示。

命令如下:

cd D:\智能分析课程\项目\3.智能分析实验篇\2.深度人脸检测\GPU 环境库

pip install-r requirements.txt

图 3-2-10　打开路径

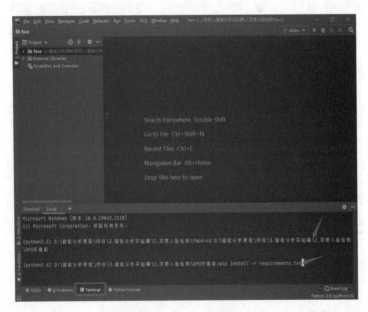

图 3-2-11　安装环境

如果是低配版计算机,无显卡,则加载 CPU 环境的 Python 库,使用以下步骤:

在 PyCharm 软件中点击"Terminal",打开路径 D:\智能分析课程\项目\3.智能分析实验篇\2.深度人脸检测\CPU 版 python 环境库(具体请使用自己存放的实验项目路径),如图 3-2-12 所示;然后在"Terminal"中输入命令,如图 3-2-13 所示。

命令如下：

cd D:\智能分析课程\项目\3.智能分析实验篇\2.深度人脸检测\CPU 版 python 环境库

pip install-r requirements.txt

图 3-2-12　打开路径

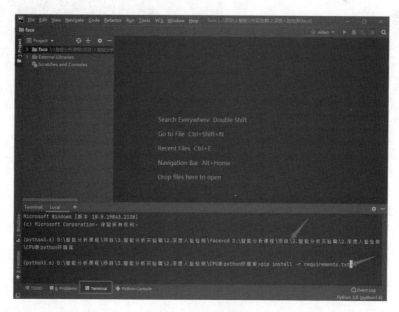

图 3-2-13　安装环境

7.准备创建一个"video. py"文件。右键点击"face"文件夹,然后选择"New",点击"Python File"(图 3-2-14),填写"video. py"(图 3-2-15),按回车键,创建完成(图 3-2-16)。

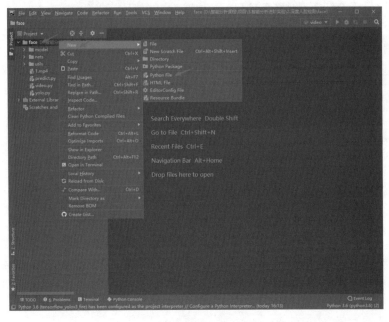

图 3-2-14　创建 Python 文件

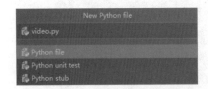

图 3-2-15　命名 Python 文件

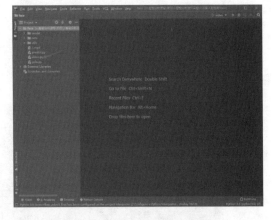

图 3-2-16　创建完成

8.接着在"video. py"文件内编写代码,导入五个 Python 库,如图 3-2-17 所示。

代码如下:

```
from yolo import YOLO
from PIL import Image
import numpy as np
import cv2
import time
```

9.定义 main()函数,其作用是调用人脸检测算法,读取视频,使用算法处理视频,并展现出来,如图 3-2-18 所示。

代码如下:

```
def main():
```

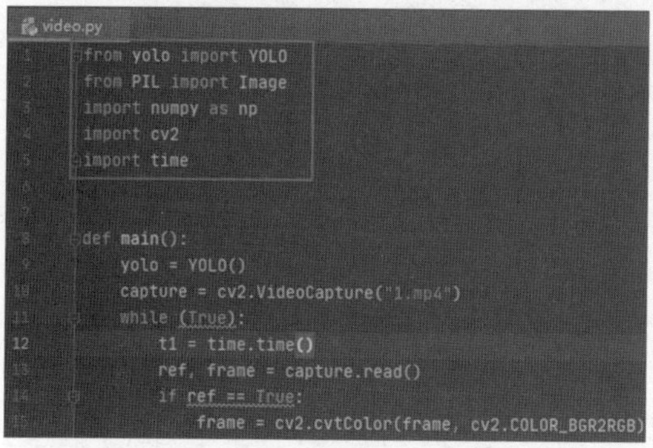

图 3-2-17 导入库文件

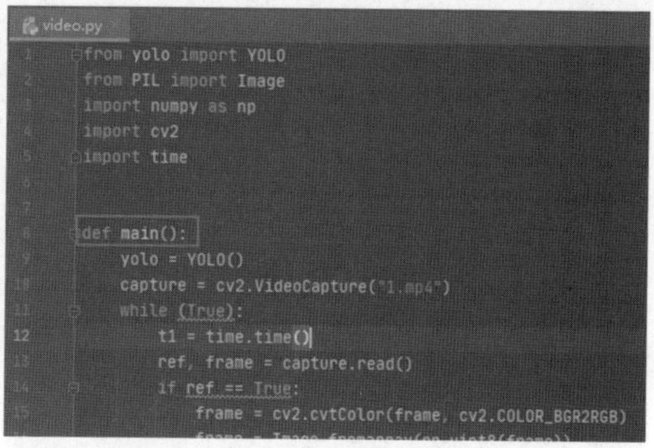

图 3-2-18 定义函数

10.调用人脸检测算法,如图 3-2-19 所示。

代码如下:

```
yolo = YOLO()
```

11.读取视频流。注意:如果想要使用网络视频流,需要使用实训中的海康摄像头设备,同时需要将 cv2.VideoCapture("1.mp4")中的本地路径换成 rtsp://admin:【摄像头密码】@【摄像头 ip】/Streaming/Channels/2。本次实训中使用本地视频流路径 cv2.VideoCapture("1.mp4"),如图 3-2-20 所示。

代码如下:

```
capture = cv2.VideoCapture("1.mp4")
```

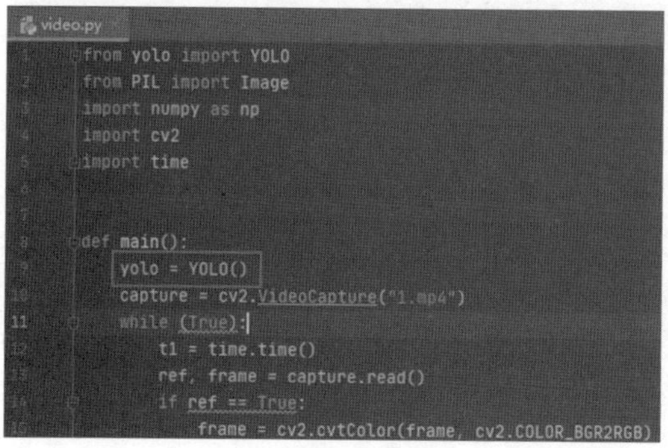

图 3-2-19 调用算法

图 3-2-20 读取视频流

12.定义一个 while 循环,以便处理视频流,如图 3-2-21 所示。

代码如下:

```
while(True):
```

13. 将当前的时间点放入变量中,同时读取视频帧,如图 3-2-22 所示。

代码如下:

```
t1 = time.time()
ref,frame = capture.read()
```

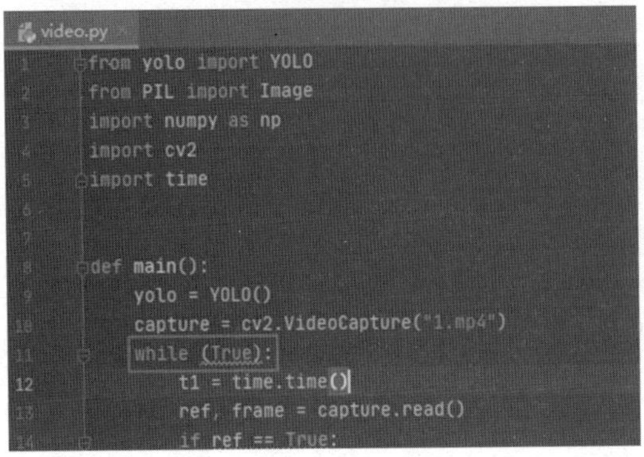

图 3-2-21　while 循环

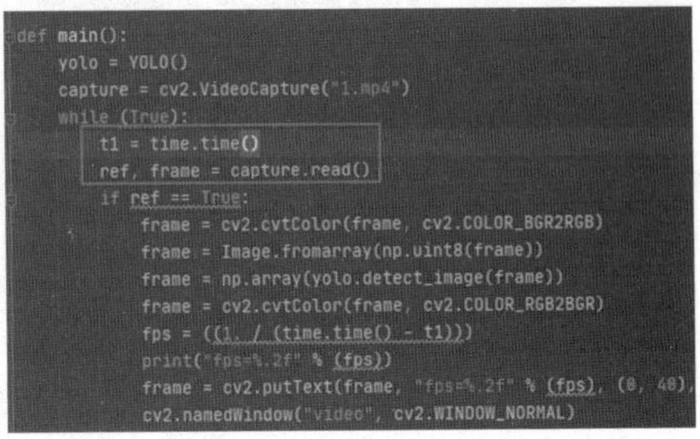

图 3-2-22　读取视频帧

14. 做一个判断,当有视频帧时,执行以下算法识别程序,如图 3-2-23 所示。

代码如下:

```
if ref = = True：
```

15. 转换视频帧的格式,同时执行算法识别程序,如图 3-2-24 所示。

代码如下:

```
frame = cv2.cvtColor(frame,cv2.COLOR_BGR2RGB)
frame = Image.fromarray(np.uint8(frame))
frame = np.array(yolo.detect_image(frame))
frame = cv2.cvtColor(frame,cv2.COLOR_RGB2BGR)
```

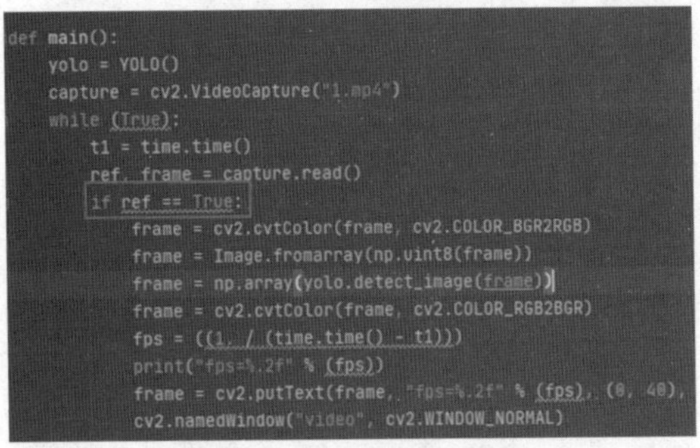

图 3-2-23　算法识别程序

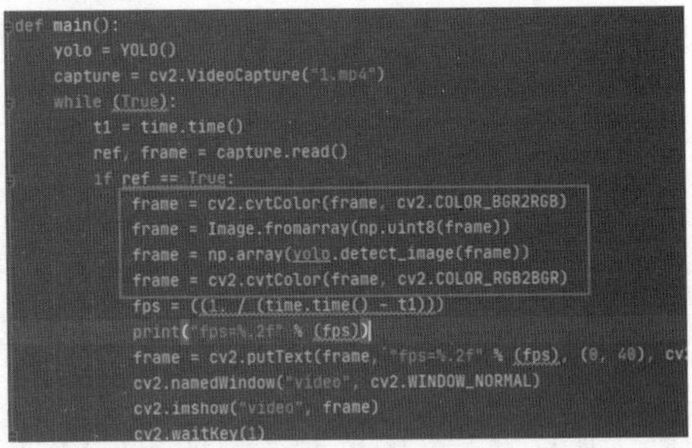

图 3-2-24　转换视频帧格式

16. 根据时间差,计算出帧率,如图 3-2-25 所示。

代码如下:

```
fps = ((1./ (time.time() - t1)))
print("fps = %.2f" % (fps))
```

17.使用 putText()函数将帧率和识别到的物体名写入每一帧的视频中,如图 3-2-26 所示。

代码如下:

```
frame = cv2.putText(frame,"fps = % .2f" % (fps),(0,40),
                cv2.FONT_HERSHEY_SIMPLEX,1,(255,255,255),2)
```

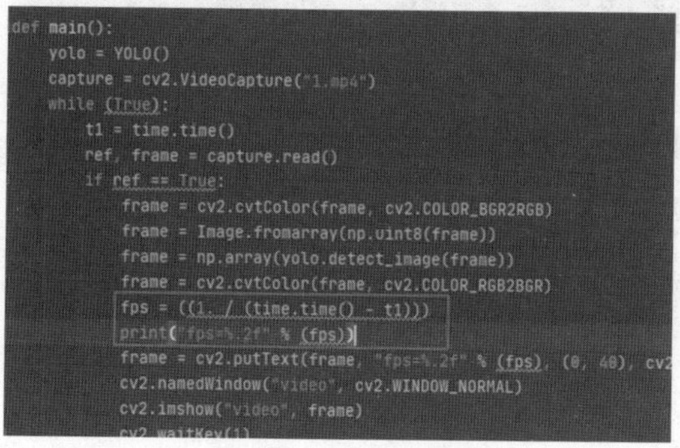

图 3-2-25　计算帧率

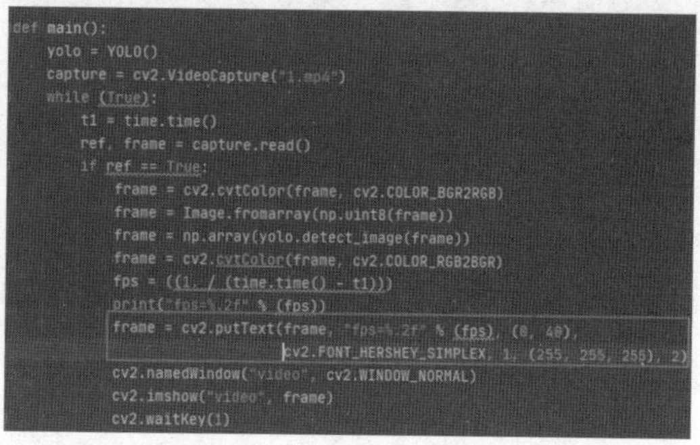

图 3-2-26　写入每一帧

18.创建一个可拉伸的窗口,同时在窗口中显示处理好的整个视频流,如图 3-2-27 所示。

代码如下:

```
cv2.namedWindow("video",cv2.WINDOW_NORMAL)
cv2.imshow("video",frame)
cv2.waitKey(1)
```

19.如果视频帧中断或者视频放完,则中断循环程序,如图 3-2-28 所示。

代码如下:

```
else:
    break
```

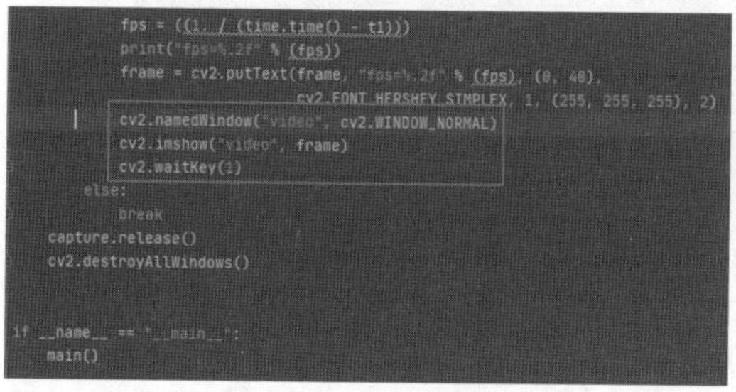

图 3-2-27　可拉伸的窗口

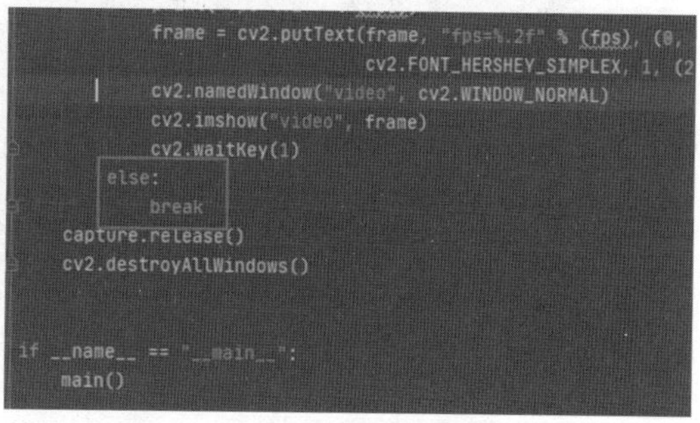

图 3-2-28　跳出循环

20.视频处理完成后,释放视频并销毁所有窗口,如图 3-2-29 所示。

代码如下:

```
capture.release()
cv2.destroyAllWindows()
```

21. 写一个程序入口，同时执行 main()函数，如图 3-2-30 所示。

代码如下：

```
if __name__ == "__main__":
    main()
```

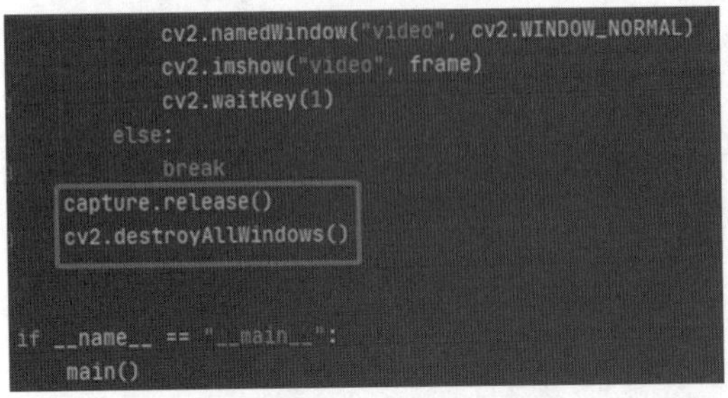

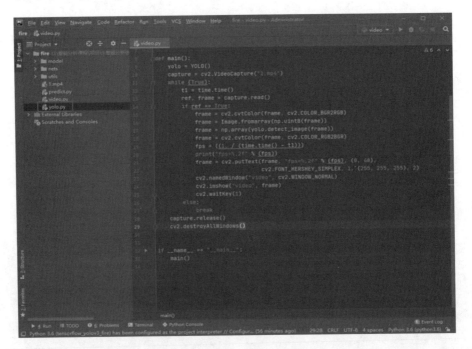

图 3-2-29　释放视频并销毁窗口 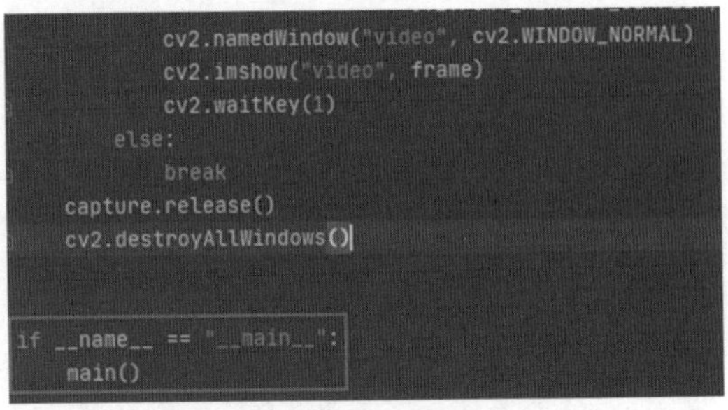　　　　图 3-2-30　执行 main()函数

22. 找到"yolo. py"文件，如图 3-2-31 所示。

图 3-2-31　找到"yolo. py"文件

23. 打开"yolo. py"文件，修改第 26—27 行，修改模型路径和标签路径，如图 3-2-32 所示。

"model_path"：'model/yolo_wights_face. pth'，

"classes_path"：'model/face_classes. txt'，

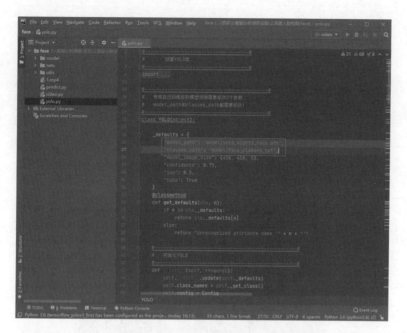

图 3-2-32　模型路径和标签路径

24. 右键点击"video. py"并运行,如图 3-2-33 所示。

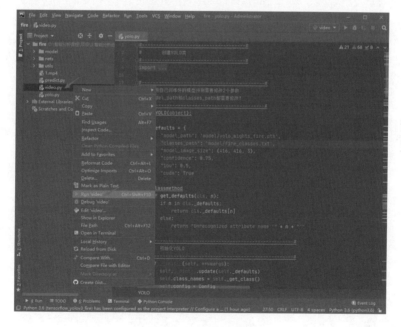

图 3-2-33　运行程序

如果加载的是 CPU 环境的 Python 库,则需要注释"yolo. py"里 CUDA 加速识别的代码。先注释"yolo. py"的第 71—74 行,如图 3-2-34 所示;再注释"yolo. py"的第 107—108 行,如图 3-2-35 所示;最后运行"video. py"文件。

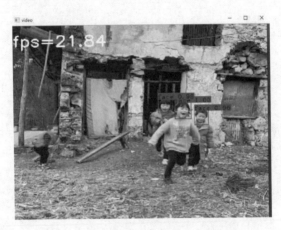

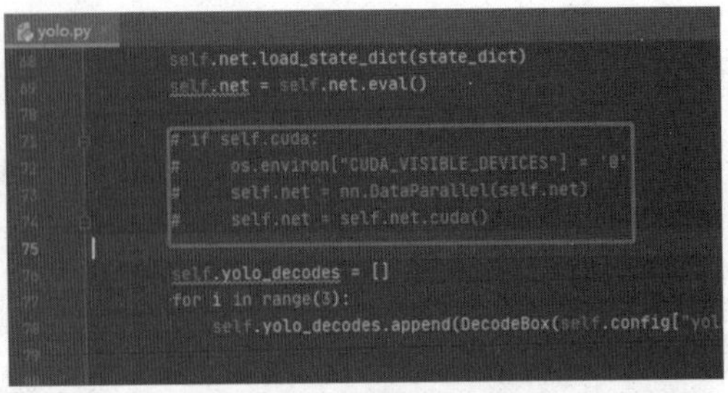
yolo.py
self.net.load_state_dict(state_dict)
self.net = self.net.eval()
# if self.cuda:
#   os.environ["CUDA_VISIBLE_DEVICES"] = '0'
#   self.net = nn.DataParallel(self.net)
#   self.net = self.net.cuda()
self.yolo_decodes = []
for i in range(3):
    self.yolo_decodes.append(DecodeBox(self.config["yol

图 3-2-34　第 71—74 行

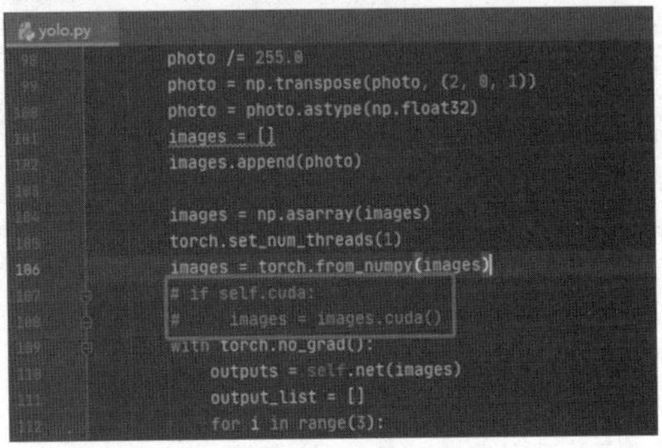
yolo.py
photo /= 255.0
photo = np.transpose(photo, (2, 0, 1))
photo = photo.astype(np.float32)
images = []
images.append(photo)
images = np.asarray(images)
torch.set_num_threads(1)
images = torch.from_numpy(images)
# if self.cuda:
#   images = images.cuda()
with torch.no_grad():
    outputs = self.net(images)
    output_list = []
    for i in range(3):

图 3-2-35　第 107—108 行

25. 运行成功后，窗口如图 3-2-36 所示。

video
fps=21.84

图 3-2-36　窗口展示

项目小结

通过本项目的学习，可以了解通用物体检测算法和人脸检测步骤，了解如何对视频内的人脸区域做准确的标框处理，能够熟练地配置人脸检测环境，熟练地使用预训练模型和人脸检测框架进行视频识别，最终对人脸检测形成全面的认识。

项目三 深度人脸比对

项目描述

本项目详细介绍了FaceNet(一个通用的人脸识别系统)算法和人脸比对步骤,详细描述了如何创建人脸比对环境,以及如何使用代码调用人脸比对算法并对视频进行人脸入库和识别,最终实现人脸比对的应用。

知识目标

- 了解 FaceNet 算法。
- 了解人脸比对步骤。

技能目标

- 熟练地配置人脸比对环境。
- 掌握人工智能深度人脸比对分析技术。

相关知识

一、FaceNet 算法

FaceNet 算法发表于 CVPR 2015,利用相同人脸在不同角度或姿态下的照片具有高内聚性、不同人脸具有低耦合性的特点,使用 CNN 和 triplet mining(三元组采集),使其在 LFW(Labeled Faces in the Wild,人脸数据库)上的人脸比对准确率达到 99.63%。

FaceNet 通过 CNN 将人脸映射到欧氏空间的特征向量上,利用不同图片人脸特征的距离和相同图片人脸特征的距离来判断检测的人脸图片是否存在于数据库中。FaceNet 算法流程如图 3-3-1 所示。

简单来讲,在使用阶段,FaceNet 算法可表述如下:

图 3-3-1　FaceNet 算法流程

①输入一张人脸图片；

②通过深度卷积网络提取特征；

③L2 标准化；

④得到一个长度为 128 的特征向量；

⑤比对。

二、人脸比对

本项目的人脸比对分两个模块：人脸入库和人脸识别。人脸入库模块是将视频内的人脸轮廓截图保存，同时需要输入名字进入人脸模块，这样在库中就保存了一张人脸图片对应一串名字信息的数据。而人脸识别模块是对视频内存在的人脸轮廓截图分析，用 FaceNet 算法计算，并与库中所有的人脸图片信息做对比，一一比较之后得出最终结果，识别出与库中相似度最高的人脸图片信息，同时返回该图片对应的名字信息并且输出在窗口。这就是人脸比对的整个流程，如图 3-3-2 所示。

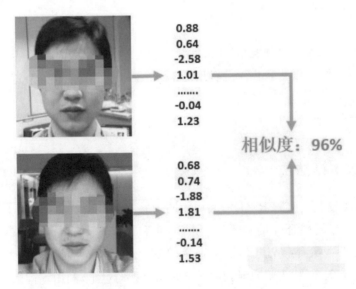

图 3-3-2　用 FaceNet 算法做人脸比对

任务实施

任务一 人脸比对

任务流程如图 3-3-3 所示。

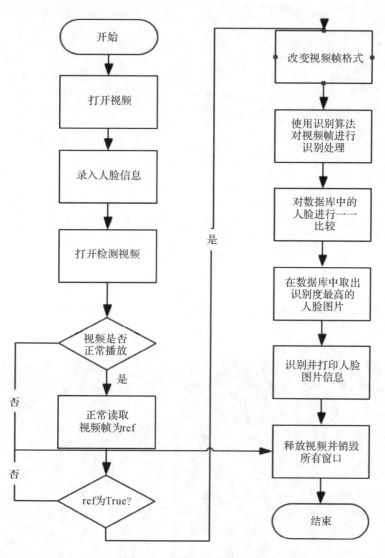

图 3-3-3 人脸比对任务流程

1.打开路径 D:\智能分析课程\项目\3.智能分析实验篇\3.深度人脸比对(具体请使用自己存放的实验项目路径),找到"facenet"文件,如图 3-3-4 所示。

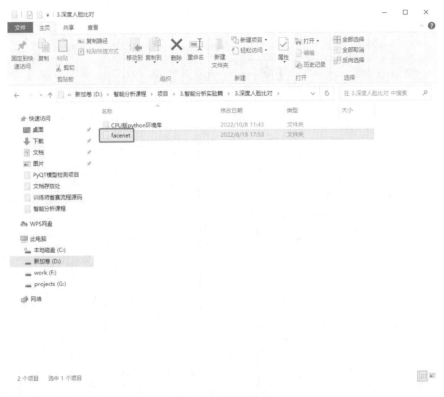

图 3-3-4　打开路径

2.打开 PyCharm 软件,依次点击"File"和"Open...",打开上述路径,选择"facenet"文件后点击"OK",如图 3-3-5 所示。

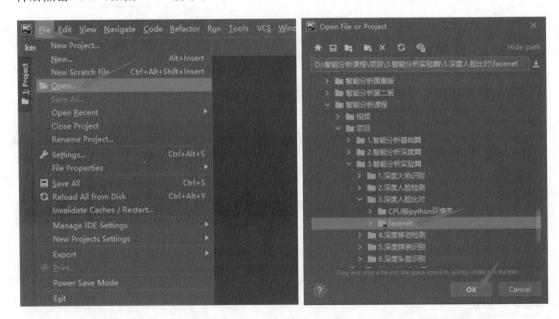

图 3-3-5　打开已有文件

3.出现如下提示。这里我们选择"This Window"，如图 3-3-6 所示。

图 3-3-6　窗口选择

4.打开"Terminal"，安装 NumPy 库，输入"pip install numpy＝＝1.16.2"，按回车键，如图 3-3-7 所示。

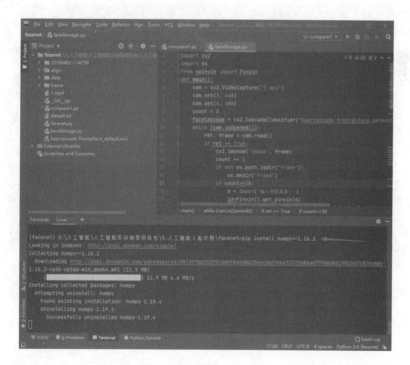

图 3-3-7　安装 NumPy 库

5.安装 SciPy 库,输入"pip install scipy==1.2.1",按回车键,如图 3-3-8 所示。

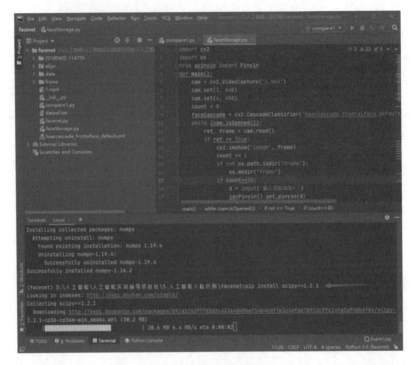

图 3-3-8　安装 SciPy 库

6.安装 sklearn 库,输入"pip install sklearn",按回车键,如图 3-3-9 所示。

图 3-3-9　安装 sklearn 库

7. 安装 xpinyin 库,输入"pip install xpinyin",按回车键,如图 3-3-10 所示。

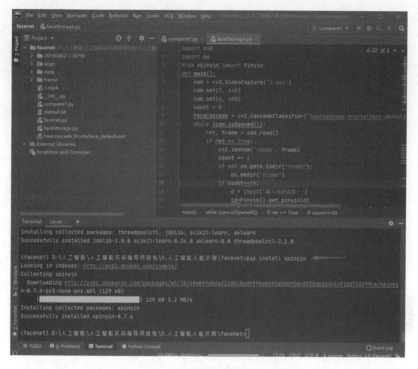

图 3-3-10　安装 xpinyin 库

8. 放入视频资源"1. mp4"文件,进行人脸入库和识别,如图 3-3-11 所示。

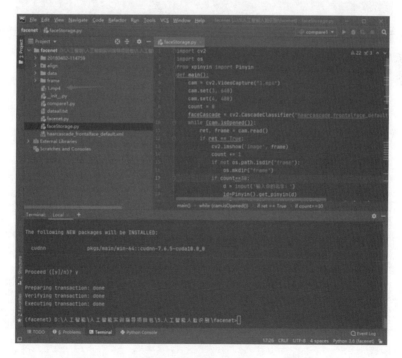

图 3-3-11　放入视频资源

9.右键点击"faceStorage.py"并运行,如图 3-3-12 所示。

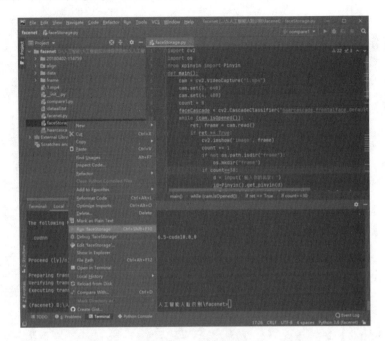

图 3-3-12　运行程序

10.入库操作中,先输入你的名字,在这里我们输入名字"廖庆健",如图 3-3-13 所示,等待入库结果,如图 3-3-14 所示。

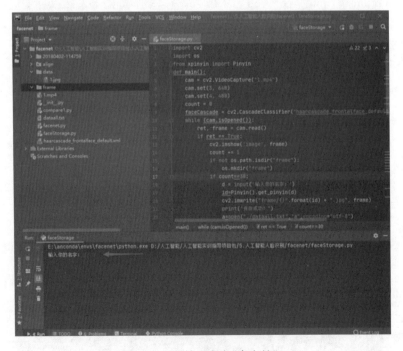

图 3-3-13　输入名字"廖庆健"

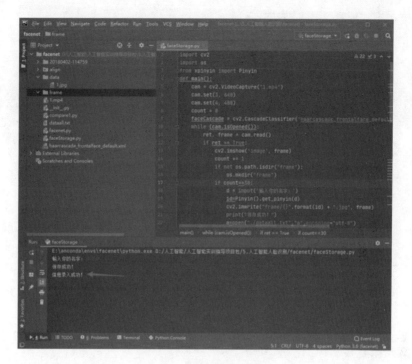

图 3-3-14　等待入库结果

11. 右键点击"compare1.py"并运行，如图 3-3-15 所示。

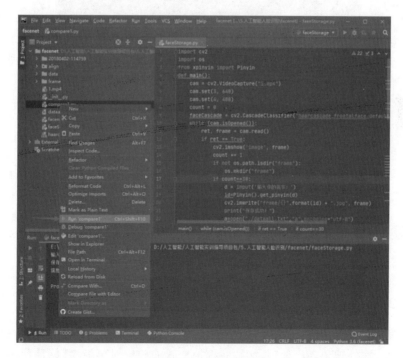

图 3-3-15　运行程序

12.等待识别，如图 3-3-16 所示。

图 3-3-16　等待识别

13.运行结果将显示你的信息，如图 3-3-17 所示。

图 3-3-17　运行结果

项目小结

通过本项目的学习，可以了解 FaceNet 算法和人脸比对步骤，了解如何对视频内的人脸区域做准确的标框处理和入库处理，能够熟练地配置人脸比对环境，熟练地使用预训练模型和人脸比对框架进行视频识别，最终对人脸比对形成全面的认识。

项目四　深度移动检测

项目描述

本项目详细介绍了差帧法和移动检测步骤，详细描述了如何创建移动检测环境，以及如何使用代码调用移动检测算法并对视频进行移动检测，最终实现移动检测的应用。

知识目标

- 了解差帧法。
- 了解移动检测步骤。

技能目标

- 熟练地配置移动检测环境。
- 掌握人工智能深度移动检测分析技术。

相关知识

一、差帧法

本项目使用的移动检测算法是差帧法，如图 3-4-1 所示。差帧法依据的原则如下：当视频中存在移动物体时，相邻帧或相邻三帧之间在灰度上会有差别，求取相邻帧或相邻三帧之间每两帧的图像灰度差的绝对值，则静止的物体在差值图像上表现出来全是 0，而移动物体特别是移动物体的轮廓处由于存在灰度变化（为非 0），这样就能大致计算出移动物体的位置、轮廓和移动路径等。

差帧法的优点是算法实现简单，程序设计复杂度低；对光线等场景变化不太敏感，能够适应各种动态环境，稳定性较好。缺点是不能提取出对象的完整区域，对象内部有"空洞"，只能提取出边界，边界轮廓比较粗，往往比实际物体要大。对快速运动的物体，容易出现"鬼影"现象，甚至会被检测为两个不同的运动物体；对慢速运动的物体，当物体在前后两帧中几乎完全重叠时，则检测不到物体。

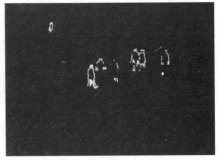

图 3-4-1　差帧法

二、移动检测

移动检测是指在指定区域识别图像的变化,检测运动物体的存在并避免光线的干扰,如图 3-4-2 所示。至于如何在实时的序列图像中将变化区域从背景图像中提取出来,还要考虑运动区域的有效分割,这对目标分类、跟踪等后期处理是非常重要的,因为之后的处理过程仅仅考虑图像中对应于运动区域的像素。然而,由于背景图像动态变化,移动检测的效果受到天气、光照、影子等影响。

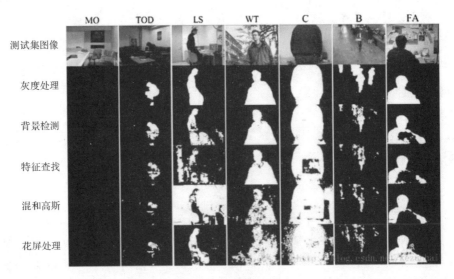

图 3-4-2　移动检测

本项目使用差帧法对视频内运动的物体进行边缘检测,也就是使用不同颜色的曲线标出运动物体的边缘部分,以显示检测到的运动物体的状态。在开始检测之前,我们需要手动标出检测区域(表示可以在此区域中检测出运动的物体),以当前的画面为基础帧,如果画面与该基础帧不同,则进行差帧法计算,描出运动物体边缘。它的缺点是受到光照、影子的影响较大。

任务实施

任务一　移动检测

任务流程如图 3-4-3 所示。

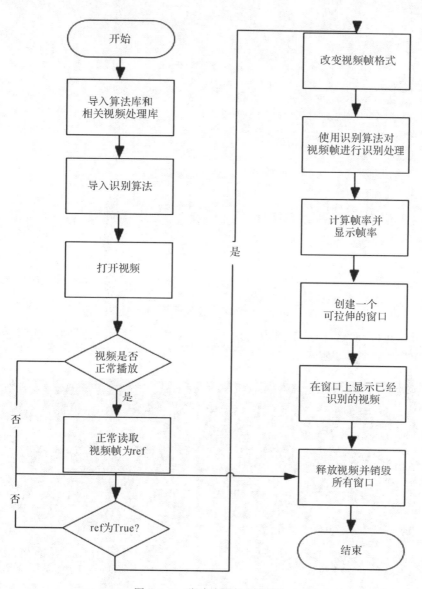

图 3-4-3　移动检测任务流程

1.打开路径 D:\智能分析课程\项目\3.智能分析实验篇\4.深度移动检测（具体请使用自己存放的实验项目路径），找到"move"文件，如图 3-4-4 所示。

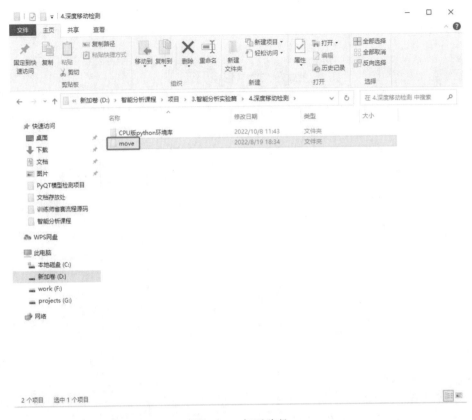

图 3-4-4　打开路径

2. 打开 PyCharm 软件，依次点击"File"和"Open…"，打开上述路径，选择"move"文件后点击"OK"，如图 3-4-5 所示。

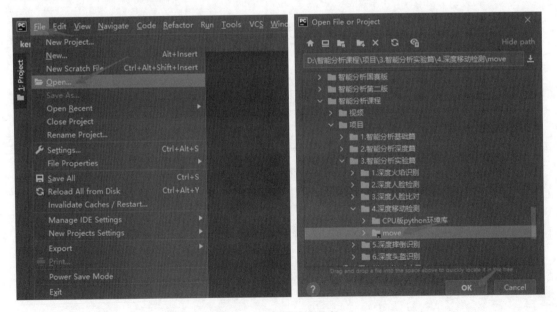

图 3-4-5　打开已有文件

3. 出现如下提示。这里我们选择"This Window",如图 3-4-6 所示。

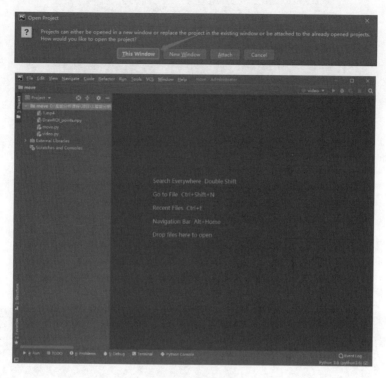

图 3-4-6　窗口选择

4. 在这里查看实际运行的 CUDA 环境,CUDA 10.0 版本已在前面环境安装时安装过。要求必须使用 NVIDIA 显卡。这里还需要使用 cmd 命令(nvcc -V)检测是否存在 CUDA 并查看其版本。图 3-4-7 说明 CUDA 存在且版本号为 10.0。

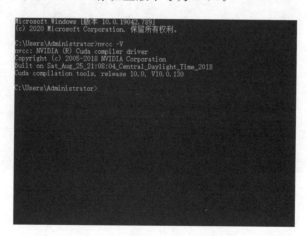

图 3-4-7　检查运行环境与版本

5. 在"move"文件夹中依次点击"File"和"Settings"(图 3-4-8),再点击"Project:move"下的"Python Interpreter",然后找到"Python 3.6"(该虚拟环境是在"人脸识别"项目中创建好的),最后点击"OK"(图 3-4-9)。

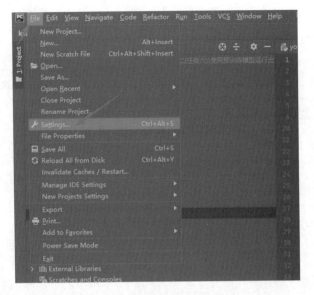

图 3-4-8　项目设置

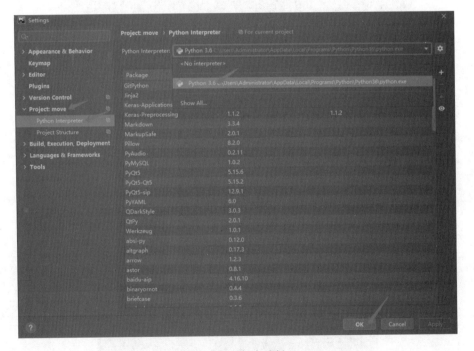

图 3-4-9　版本选择

6. 在 PyCharm 软件中点击"Terminal",打开路径 D:\智能分析课程\项目\3. 智能分析
实验篇\4. 深度移动检测\GPU 环境库(具体请使用自己存放的实验项目路径),如图 3-4-10
所示;然后在"Terminal"中输入命令,如图 3-4-11 所示。

命令如下:

cd D:\智能分析课程\项目\3. 智能分析实验篇\4. 深度移动检测\GPU 环境库

pip install-r requirements.txt

图 3-4-10　打开路径

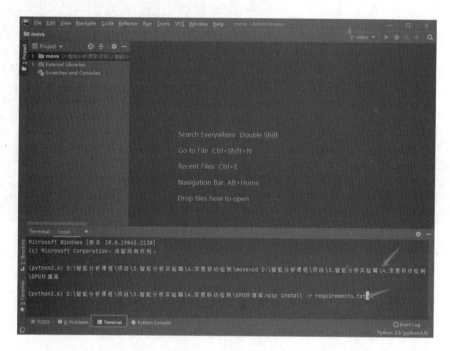

图 3-4-11　安装环境

7.准备创建一个"video.py"文件。右键点击"move"文件夹，然后选择"New"，点击"Python File"（图 3-4-12），填写"video.py"（图 3-4-13），按回车键，创建完成（图 3-4-14）。

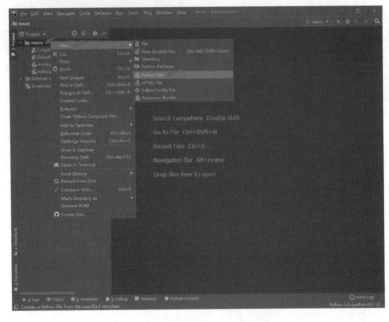

图 3-4-12　创建 Python 文件

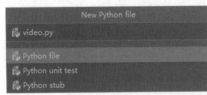

图 3-4-13　命名 Python 文件

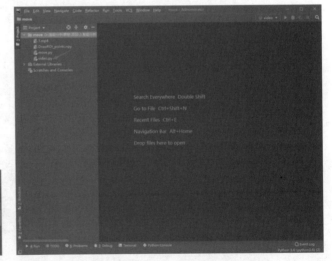

图 3-4-14　创建完成

8.接着在"video.py"文件内编写代码，导入三个 Python 库，如图 3-4-15 所示。

代码如下：

```
from move import EdgeDetection
import numpy as np
import cv2
```

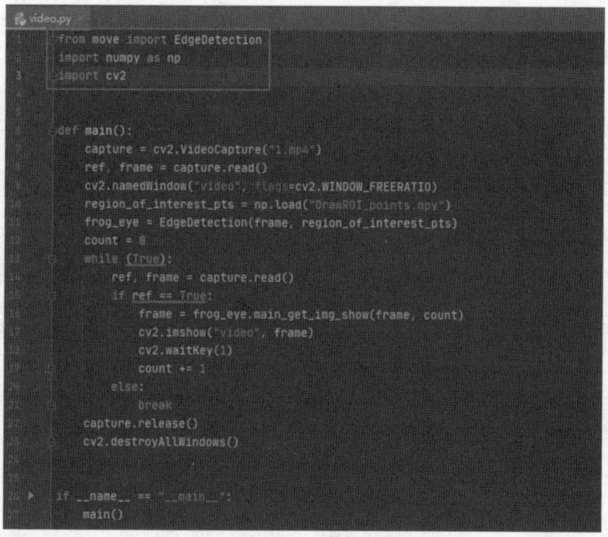

图 3-4-15　导入库文件

9.定义 main()函数,其作用是调用移动检测算法和模型,对移动的物体进行检测,如图 3-4-16 所示。

代码如下:

```
def main():
```

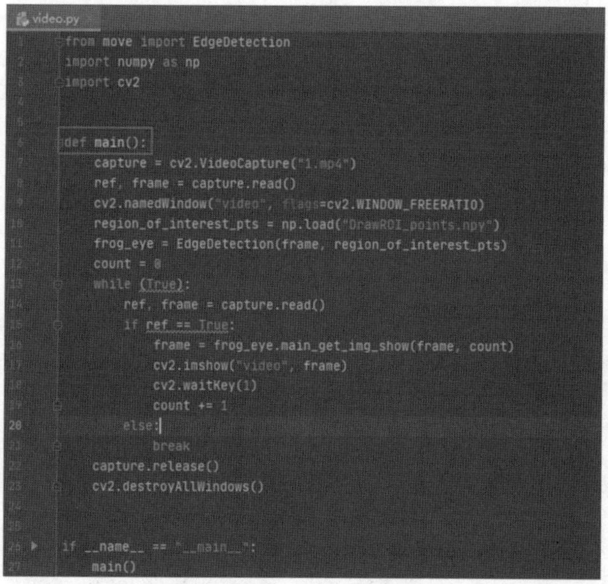

图 3-4-16　定义函数

10.读取视频流。注意:如果想要使用网络视频流,需要使用实训中的海康摄像头设备,同时需要将 cv2. VideoCapture("1. mp4")中的本地路径换成 rtsp://admin:【摄像头密码】@【摄像头 ip】/Streaming/Channels/2。本次实训中使用本地视频流路径 cv2. VideoCapture ("1. mp4"),如图 3-4-17 所示。

257

代码如下：

```
capture = cv2.VideoCapture("1.mp4")
```

11. 读取视频帧，如图 3-4-18 所示。

代码如下：

```
ref,frame = capture.read()
```

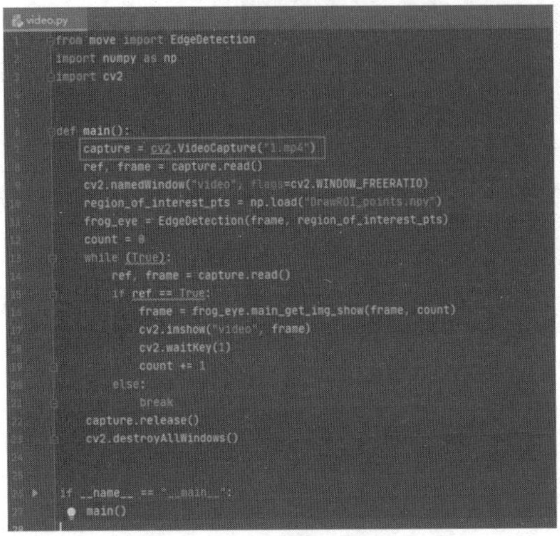

图 3-4-17　读取视频流

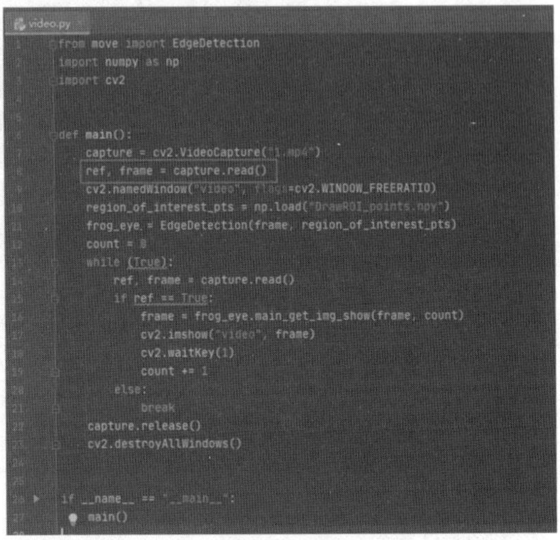

图 3-4-18　读取视频帧

12. 创建一个窗口，如图 3-4-19 所示。

代码如下：

```
cv2.namedWindow("video",flags = cv2.WINDOW_FREERATIO)
```

13. 调用移动检测算法和模型，如图 3-4-20 所示。

代码如下：

```
region_of_interest_pts = np.load("DrawROI_points.npy")
frog_eye = EdgeDetection(frame,region_of_interest_pts)
```

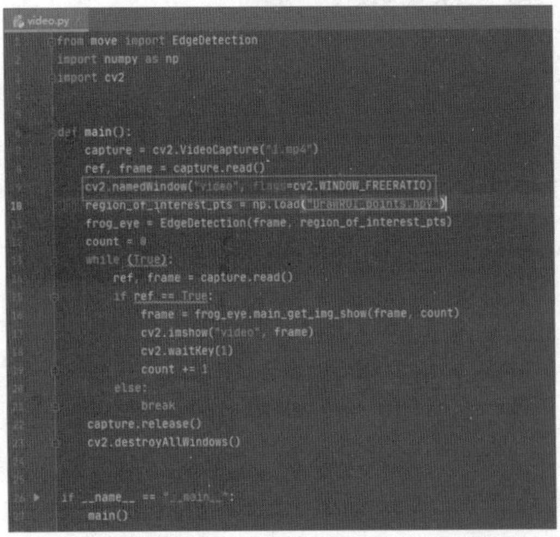

图 3-4-19　创建窗口

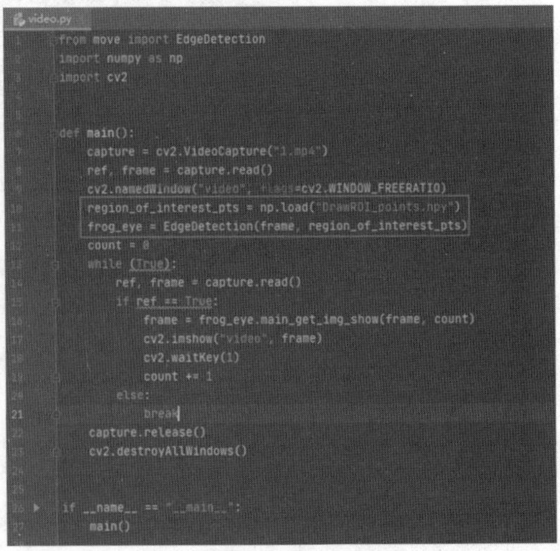

图 3-4-20　调用移动检测算法和模型

14.定义 count＝0，同时写一个 while 循环，如图 3-4-21 所示。

代码如下：

```
count = 0
while (True):
```

15.读取视频每一帧。如图 3-4-22 所示。

代码如下：

```
ref,frame = capture.read()
```

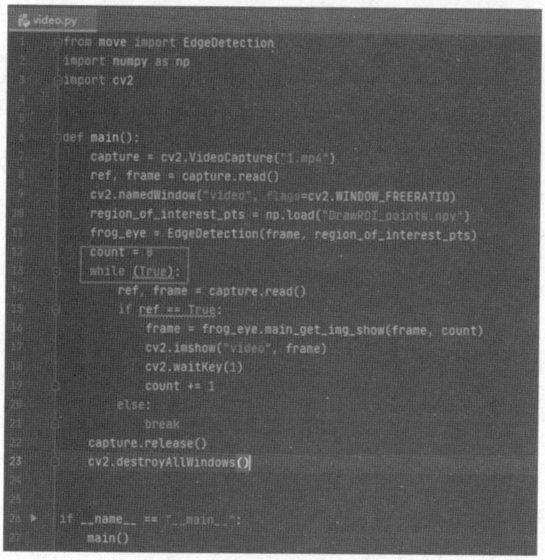

图 3-4-21　定义 count＝0，写一个 while 循环

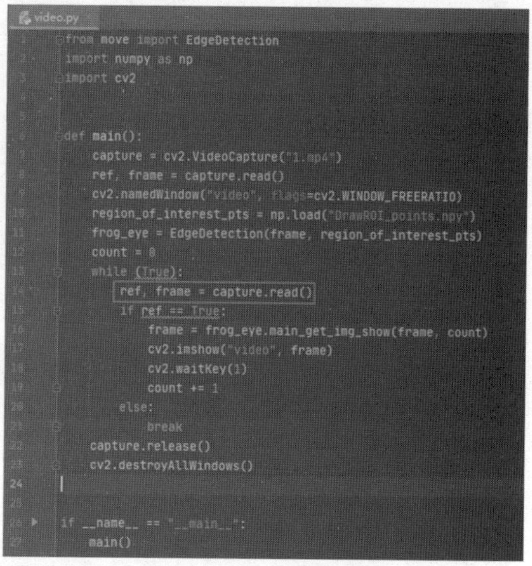

图 3-4-22　读取视频帧

16.做一个判断，当有视频帧时，执行以下算法识别程序，如图 3-4-23 所示。

代码如下：

```
if ref = = True：
```

17.检测视频中移动的物体，如图 3-4-24 所示。

代码如下：

```
frame = frog_eye.main_get_img_show(frame,count)
```

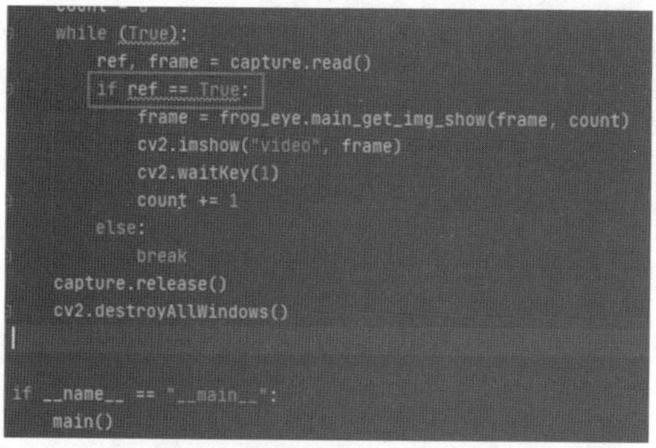

图 3-4-23　算法识别程序

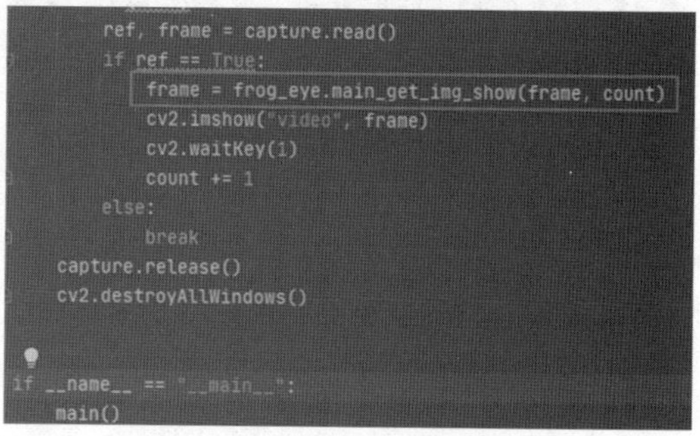

图 3-4-24　检测视频中移动的物体

18.呈现视频并计数,如图 3-4-25 所示。

代码如下:

```
cv2.imshow("video",frame)
cv2.waitKey(1)
count + = 1
```

19.如果视频帧中断或者视频放完,则中断循环程序,如图 3-4-26 所示。

代码如下:

```
else:
    break
```

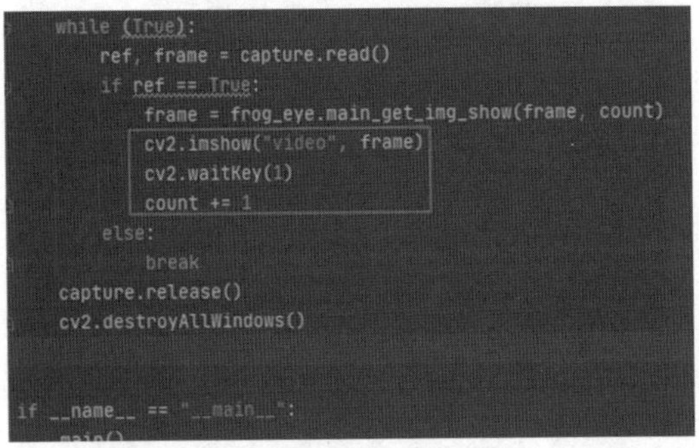

图 3-4-25　呈现视频并计数

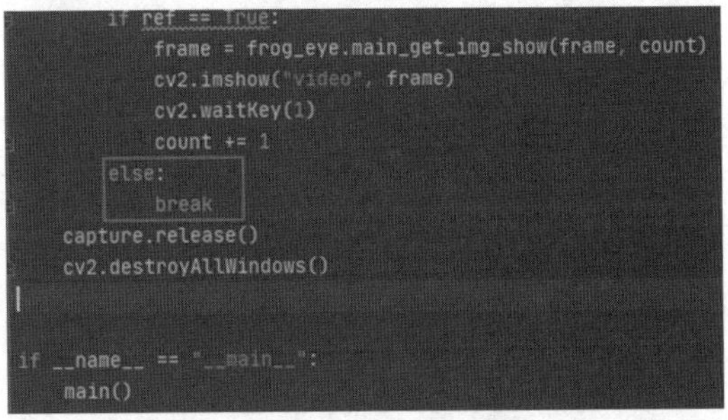

图 3-4-26　跳出循环

20.视频处理完成后,释放视频并销毁所有窗口,如图 3-4-27 所示。

代码如下:

```
capture.release()
cv2.destroyAllWindows()
```

21.写一个程序入口,同时执行 main()函数,如图 3-4-28 所示。

代码如下:

```
if __name__ = = "__main__":
    main()
```

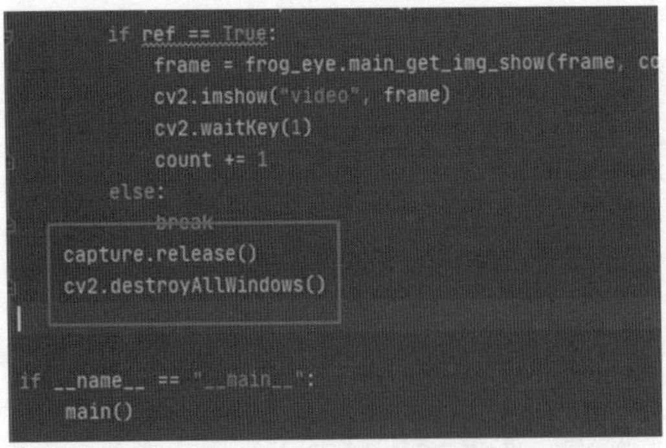

图 3-4-27　释放视频并销毁窗口

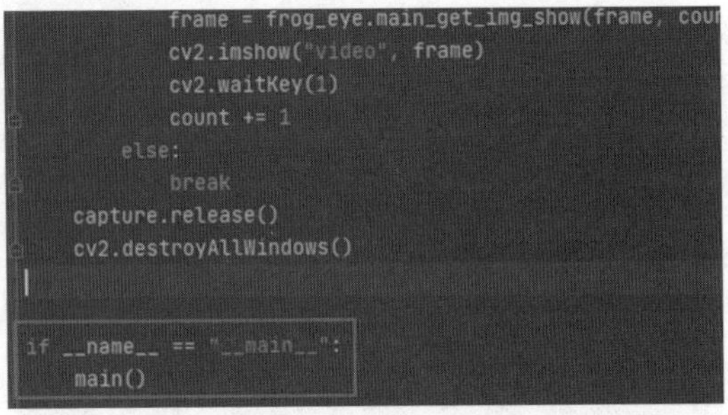

图 3-4-28　执行 main()函数

22.右键点击"video.py"并运行,如图 3-4-29 所示。

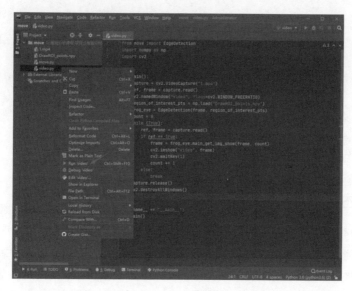

图 3-4-29　运行程序

23.运行成功后,窗口如图 3-4-30 所示。

图 3-4-30　窗口展示

项目小结

通过本项目的学习,可以了解差帧法和移动检测步骤,了解如何对视频内的移动区域做准确的标框处理和差帧法处理,能够熟练地配置移动检测环境,熟练地使用移动检测框架进行视频识别,最终能够对移动检测形成全面的认识。

项目五　深度摔倒识别

项目描述

本项目详细介绍了 OpenPose(一个基于卷积神经网络和监督学习并以 Caffe 为框架写成的开源库)摔倒识别算法与 YOLO(you only look once,只需要浏览一次就可以识别出图中的物体类别和位置)摔倒识别算法的区别以及摔倒识别步骤,详细描述了如何创建摔倒识别环境,以及如何使用代码调用摔倒识别算法并对视频进行摔倒识别,最终实现摔倒识别的应用。

知识目标

- 了解 OpenPose 摔倒识别算法与 YOLO 摔倒识别算法的区别。
- 了解摔倒识别步骤。

技能目标

- 熟练地配置摔倒识别环境。
- 掌握人工智能深度摔倒识别分析技术。

相关知识

一、OpenPose 与 YOLO 比较

OpenPose 算法通过检测人体姿态中骨骼关键点来进行摔倒识别。人体骨架是以图形形式对一个人的方位所进行的描述。本质上,骨架是一组坐标点,可以连接起来以描述该人的位姿,骨架中的每一个坐标点都可以称为一个关节或一个关键点,两个部分之间的有效连接称为一个"对"。需要注意,不是任何两两连接都能组成有效肢体,人体骨架模型将人体一些显著的特征或者是一些可以活动的关节定作关键点,运用人体关键点检测技术,可以实时定位、跟踪人体。使用最小势能法等一些判别方法,将人体关键点连接起来,形成人体骨架模型,利用模型加上一些决策条件就能够识别跌倒。

YOLO 算法则通过数据集的筛选、标注、训练,最终生成摔倒识别模型,然后对视频中的

人物进行摔倒识别。其中数据筛选和标注的时间最长,模型的识别效果取决于数据筛选和标注过程,而最终的模型训练则是最后一步,如图 3-5-1 所示。

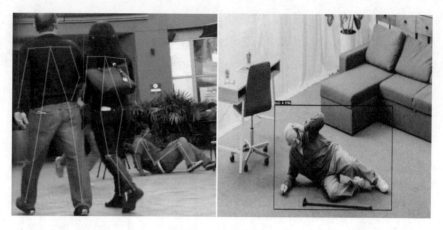

图 3-5-1　摔倒检测

二、摔倒识别

中国人口老龄化是一个客观的人口问题,年轻人工作压力很大,对照看老人、小孩可能存在疏忽或者存在不可见、不可控的危险,如老人在室内异常跌倒、儿童爬上阳台等。不论是哪种行业,人员监管往往无法起到实时发现摔倒等异常情况的作用,针对人员行为识别与智能监控问题,摔倒识别应运而生。

本项目使用 YOLOV4 算法进行摔倒识别,具体而言,使用 yolov4-pytorch 框架进行摔倒识别的前期构建,对大量的摔倒数据集进行处理,在不停地迭代训练后,最终训练出一个效果最好的摔倒模型,对摔倒行为进行实时识别,如图 3-5-2 所示。

图 3-5-2　摔倒识别

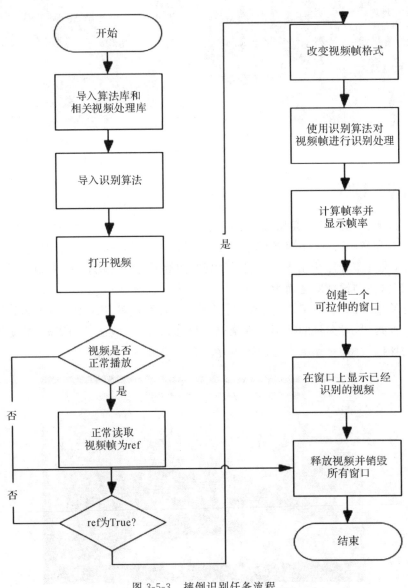

任务实施

<h3 style="text-align:center">任务一 摔倒识别</h3>

任务流程如图 3-5-3 所示。

图 3-5-3 摔倒识别任务流程

1. 打开路径 D:\智能分析课程\项目\3.智能分析实验篇\5.深度摔倒识别（具体请使用自己存放的实验项目路径），找到"fall"文件，如图 3-5-4 所示。

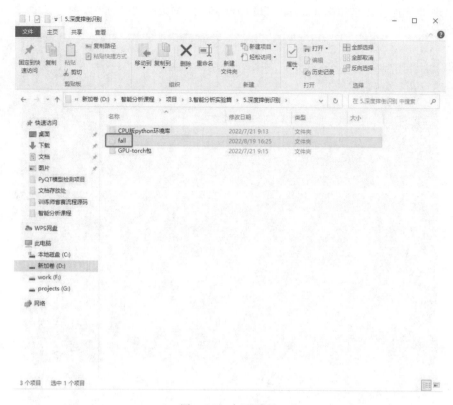

图 3-5-4　打开路径

2. 打开 PyCharm 软件，依次点击"File"和"Open..."，打开上述路径，选择"fall"文件后点击"OK"，如图 3-5-5 所示。

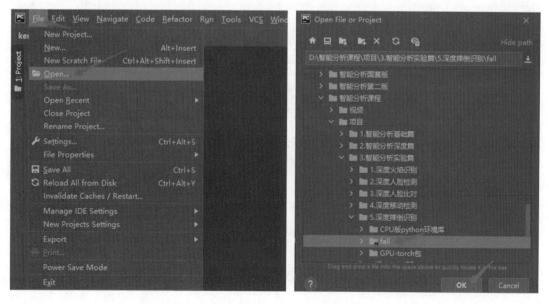

图 3-5-5　打开已有文件

3.出现如下提示。这里我们选择"This Window",如图 3-5-6 所示。

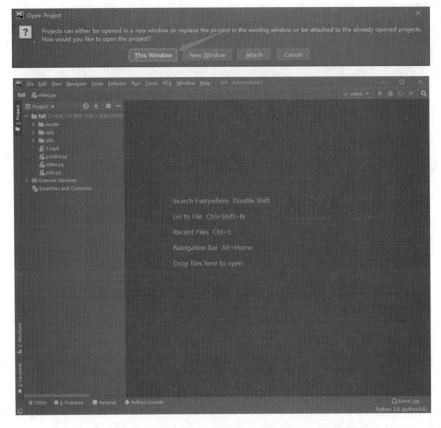

图 3-5-6　窗口选择

4.在这里查看实际运行的 CUDA 环境,CUDA 10.0 版本已在前面环境安装时安装过。要求必须使用 NVIDIA 显卡。这里还需要使用 cmd 命令(nvcc -V)检测是否存在 CUDA 并查看其版本。图 3-5-7 说明 CUDA 存在且版本号为 10.0。

图 3-5-7　检查运行环境与版本

5. 在"fall"文件夹中依次点击"File"和"Settings"（图 3-5-8），再点击"Project：fall"下的"Python Interpreter"，然后找到"Python 3.6"（该虚拟环境是在"人脸识别"项目中创建好的），最后点击"OK"（图 3-5-9）。

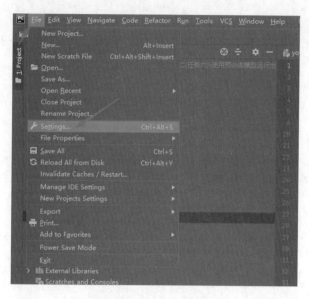

图 3-5-8　项目设置

图 3-5-9　版本选择

6. 在 PyCharm 软件中点击"Terminal"，打开路径 D：\智能分析课程\项目\3.智能分析实验篇\5.深度摔倒识别\GPU 环境库（具体请使用自己存放的实验项目路径），如图 3-5-10 所示；然后在"Terminal"中输入命令，如图 3-5-11 所示。

命令如下：

cd D：\智能分析课程\项目\3.智能分析实验篇\5.深度摔倒识别\GPU 环境库

pip install-r requirements.txt

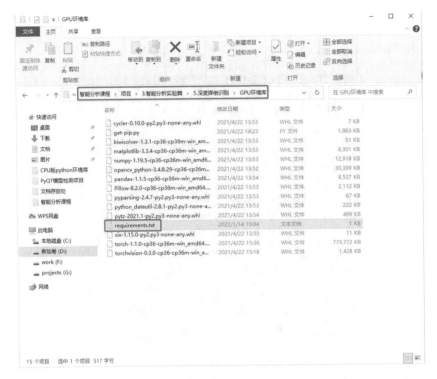

图 3-5-10　打开路径

图 3-5-11　安装环境

如果是低配版计算机,无显卡,则加载 CPU 环境的 Python 库,使用以下步骤:

在 PyCharm 软件中点击"Terminal",打开路径 D:\智能分析课程\项目\3.智能分析实验篇\5.深度摔倒识别\CPU 版 python 环境库(具体请使用自己存放的实验项目路径),如图 3-5-12 所示;然后在"Terminal"中输入命令,如图 3-5-13 所示。

命令如下：

cd D:\智能分析课程\项目\3.智能分析实验篇\5.深度摔倒识别\CPU版python环境库

pip install-r requirements.txt

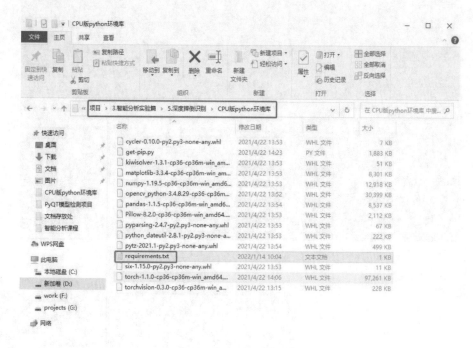

图 3-5-12　打开路径

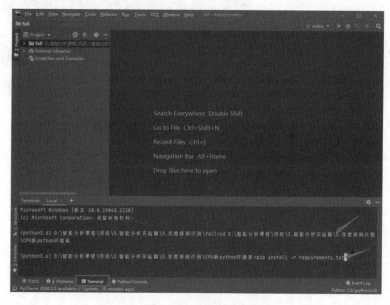

图 3-5-13　安装环境

7. 准备创建一个"video. py"文件。右键点击"fall"文件夹,然后选择"New",点击"Python File"(图 3-5-14),填写"video. py"(图 3-5-15),按回车键,创建完成(图 3-5-16)。

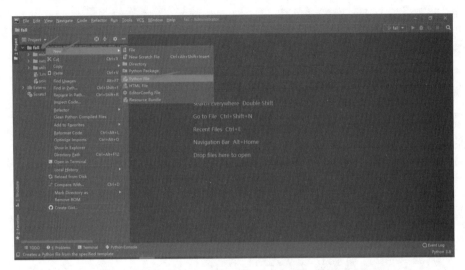

图 3-5-14　创建 Python 文件

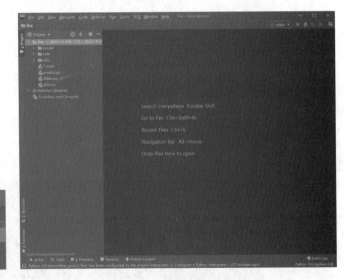

图 3-5-15　命名 Python 文件

图 3-5-16　创建完成

8. 接着在"video. py"文件内编写代码,导入五个 Python 库,如图 3-5-17 所示。

代码如下:

```
from yolo import YOLO
from PIL import Image
import numpy as np
import cv2
import time
```

9.定义 main()函数,其作用是调用摔倒识别算法,读取视频,使用算法处理视频,并展现出来,如图 3-5-18 所示。

代码如下:

```
def main():
```

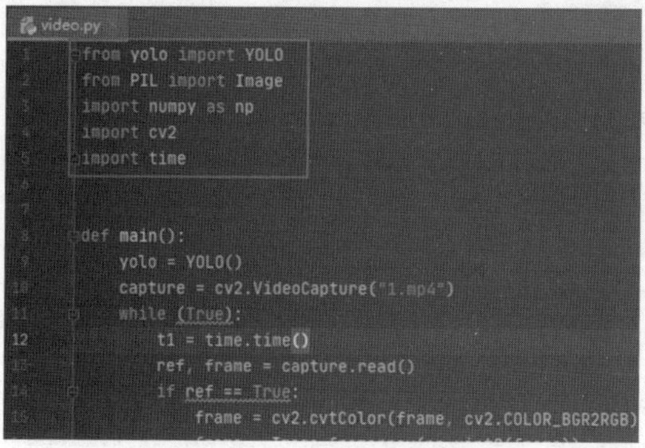

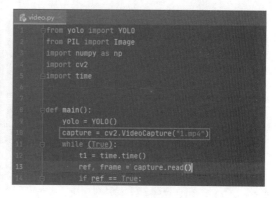

图 3-5-17 导入库文件

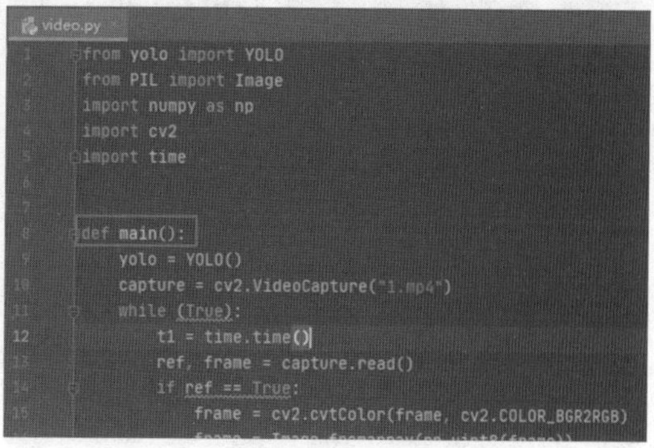

图 3-5-18 定义函数

10.调用摔倒识别算法,如图 3-5-19 所示。

代码如下:

```
yolo = YOLO()
```

11.读取视频流。注意:如果想要使用网络视频流,需要使用实训中的海康摄像头设备,同时需要将 cv2.VideoCapture("1.mp4")中的本地路径换成 rtsp://admin:【摄像头密码】@【摄像头 ip】/Streaming/Channels/2。本次实训中使用本地视频流路径 cv2.VideoCapture("1.mp4"),如图 3-5-20 所示。

代码如下:

```
capture = cv2.VideoCapture("1.mp4")
```

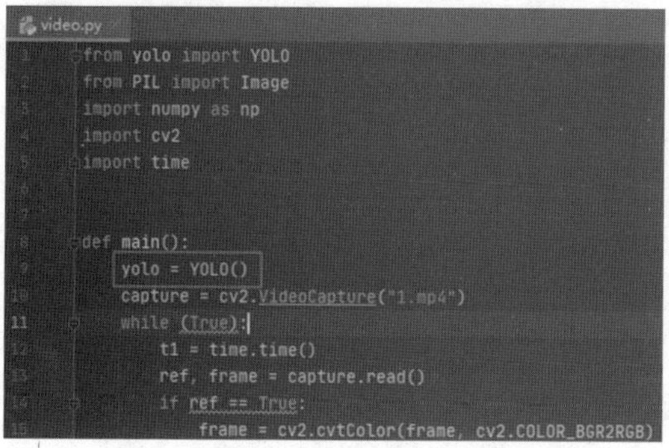

图 3-5-19 调用算法

图 3-5-20 读取视频流

12.定义一个 while 循环,以便处理视频流,如图 3-5-21 所示。

代码如下:

```
while (True):
```

13. 将当前的时间点放入变量中,同时读取视频帧,如图 3-5-22 所示。

代码如下:

```
t1 = time.time()
ref,frame = capture.read()
```

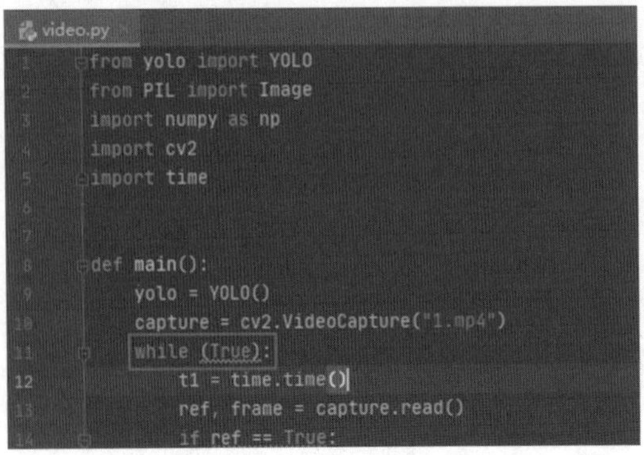

图 3-5-21　while 循环

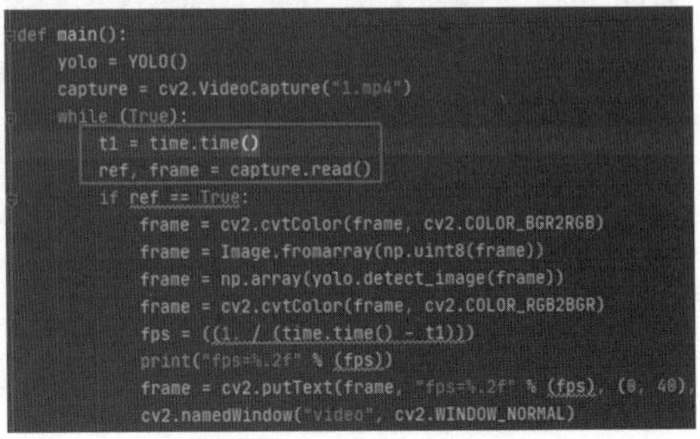

图 3-5-22　读取视频帧

14. 做一个判断,当有视频帧时,执行以下算法识别程序,如图 3-5-23 所示。

代码如下:

```
if ref = = True:
```

15. 转换视频帧的格式,同时执行算法识别程序,如图 3-5-24 所示。

代码如下:

```
frame = cv2.cvtColor(frame,cv2.COLOR_BGR2RGB)
frame = Image.fromarray(np.uint8(frame))
frame = np.array(yolo.detect_image(frame))
frame = cv2.cvtColor(frame,cv2.COLOR_RGB2BGR)
```

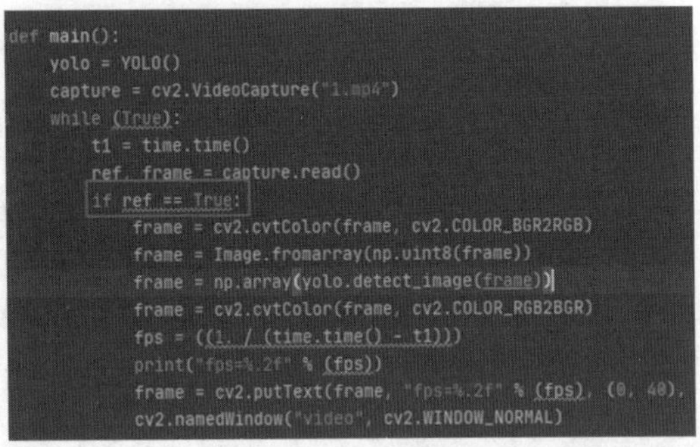

图 3-5-23　算法识别程序

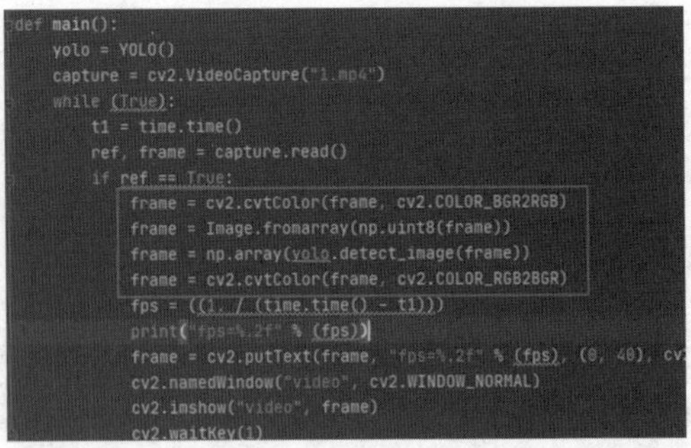

图 3-5-24　转换视频帧格式

16. 根据时间差,计算出帧率,如图 3-5-25 所示。

代码如下:

```
fps = ((1./ (time.time() - t1)))
print("fps = % .2f" % (fps))
```

17. 使用 putText( ) 函数将帧率和识别到的物体名写入每一帧的视频中,如图 3-5-26 所示。

代码如下:

```
frame = cv2.putText(frame,"fps = %.2f" % (fps),(0,40),
                    cv2.FONT_HERSHEY_SIMPLEX,1,(255,255,255),2)
```

```
def main():
    yolo = YOLO()
    capture = cv2.VideoCapture("1.mp4")
    while (True):
        t1 = time.time()
        ref, frame = capture.read()
        if ref == True:
            frame = cv2.cvtColor(frame, cv2.COLOR_BGR2RGB)
            frame = Image.fromarray(np.uint8(frame))
            frame = np.array(yolo.detect_image(frame))
            frame = cv2.cvtColor(frame, cv2.COLOR_RGB2BGR)
            fps = ((1. / (time.time() - t1)))
            print("fps=%.2f" % (fps))
            frame = cv2.putText(frame, "fps=%.2f" % (fps), (0, 40), cv2
            cv2.namedWindow("video", cv2.WINDOW_NORMAL)
            cv2.imshow("video", frame)
            cv2.waitKey(1)
```

图 3-5-25 计算帧率

```
def main():
    yolo = YOLO()
    capture = cv2.VideoCapture("1.mp4")
    while (True):
        t1 = time.time()
        ref, frame = capture.read()
        if ref == True:
            frame = cv2.cvtColor(frame, cv2.COLOR_BGR2RGB)
            frame = Image.fromarray(np.uint8(frame))
            frame = np.array(yolo.detect_image(frame))
            frame = cv2.cvtColor(frame, cv2.COLOR_RGB2BGR)
            fps = ((1. / (time.time() - t1)))
            print("fps=%.2f" % (fps))
            frame = cv2.putText(frame, "fps=%.2f" % (fps), (0, 40),
                        cv2.FONT_HERSHEY_SIMPLEX, 1, (255, 255, 255), 2)
            cv2.namedWindow("video", cv2.WINDOW_NORMAL)
            cv2.imshow("video", frame)
            cv2.waitKey(1)
```

图 3-5-26 写入每一帧

18. 创建一个可拉伸的窗口,同时在窗口中显示处理好的整个视频流,如图 3-5-27 所示。

代码如下:

```
cv2.namedWindow("video",cv2.WINDOW_NORMAL)
cv2.imshow("video",frame)
cv2.waitKey(1)
```

19. 如果视频帧中断或者视频放完,则中断循环程序,如图 3-5-28 所示。

代码如下:

```
else:
    break
```

```
            fps = ((1. / (time.time() - t1)))
            print("fps=%.2f" % (fps))
            frame = cv2.putText(frame, "fps=%.2f" % (fps), (0, 40),
                        cv2.FONT_HERSHEY_SIMPLEX, 1, (255, 255, 255), 2)
            cv2.namedWindow("video", cv2.WINDOW_NORMAL)
            cv2.imshow("video", frame)
            cv2.waitKey(1)
        else:
            break
    capture.release()
    cv2.destroyAllWindows()

if __name__ == "__main__":
    main()
```

图 3-5-27 可拉伸的窗口

```
            frame = cv2.putText(frame, "fps=%.2f" % (fps), (0,
                        cv2.FONT_HERSHEY_SIMPLEX, 1, (2
            cv2.namedWindow("video", cv2.WINDOW_NORMAL)
            cv2.imshow("video", frame)
            cv2.waitKey(1)
        else:
            break
    capture.release()
    cv2.destroyAllWindows()

if __name__ == "__main__":
    main()
```

图 3-5-28 跳出循环

20. 视频处理完成后,释放视频并销毁所有窗口,如图 3-5-29 所示。

代码如下:

```
capture.release()
cv2.destroyAllWindows()
```

21.写一个程序入口,同时执行 main() 函数,如图 3-5-30 所示。

代码如下:

```
if __name__ == "__main__":
    main()
```

图 3-5-29　释放视频并销毁窗口　　　　　　图 3-5-30　执行 main() 函数

22.找到"yolo.py"文件,如图 3-5-31 所示。

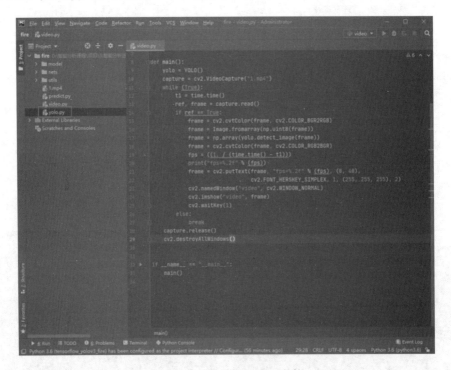

图 3-5-31　找到"yolo.py"文件

23.打开"yolo.py"文件,修改第 26—27 行,修改模型路径和标签路径,如图 3-5-32 所示。

```
"model_path":'model/yolo_wights_fall.pth',
"classes_path":'model/fall_classes.txt',
```

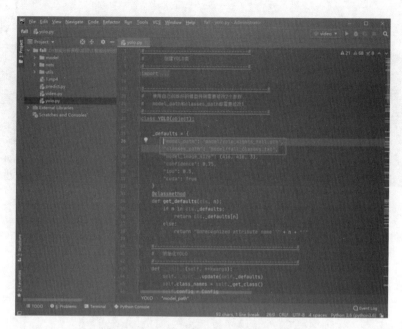

图 3-5-32　模型路径和标签路径

24. 右键点击"video. py"并运行，如图 3-5-33 所示。

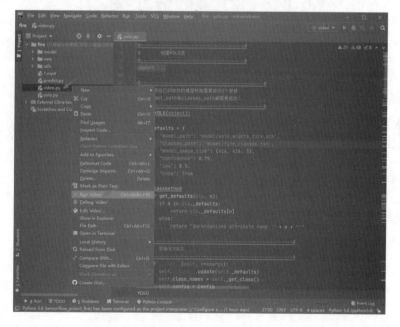

图 3-5-33　运行程序

如果加载的是 CPU 环境的 Python 库，则需要注释"yolo. py"里 CUDA 加速识别的代码。先注释"yolo. py"的第 71—74 行，如图 3-5-34 所示；再注释"yolo. py"的第 107—108 行，如图 3-5-35 所示；最后运行"video. py"文件。

图 3-5-34　第 71—74 行　　　　　图 3-5-35　第 107—108 行

25. 运行成功后,窗口如图 3-5-36 所示。

图 3-5-36　窗口展示

项目小结

　　通过本项目的学习,可以了解 OpenPose 摔倒识别算法与 YOLO 摔倒识别算法的区别以及摔倒识别步骤,了解如何对视频内的摔倒区域做准确的标框处理,能够熟练地配置摔倒识别环境,熟练地使用预训练好的摔倒识别模型和摔倒识别框架进行视频识别,最终对摔倒识别形成全面的认识。

项目六 深度头盔识别

项目描述

本项目详细介绍了置信度和头盔识别步骤,详细描述了如何创建头盔识别的环境以及如何使用代码调用头盔识别算法并对视频进行头盔识别,最终实现头盔识别的应用。

知识目标

- 了解置信度及其作用。
- 了解头盔识别步骤。

技能目标

- 熟练地配置头盔识别环境。
- 掌握人工智能深度头盔识别分析技术。

相关知识

一、置信度

在统计学中,一个概率样本的置信区间是对这个样本的某个总体参数的区间估计。置信区间展现的是这个参数的真实值有一定概率落在测量结果周围的程度,置信区间给出的是被测量参数测量值的可信程度范围,即前面所要求的"一定概率",这个概率被称为置信水平,也叫置信度。

在人工智能深度学习识别中,置信度指的是使用目标检测模型对一个物体在不同环境中识别的概率,也叫识别的可信度。这个置信度可以不断地调整,直到调整到识别效果最好。当然这个置信度不是调整得越高越好,也不是调整得越低越好,而是与训练的模型识别效果有关。如果说模型识别效果特别好,那么为了防止它误识别,我们需要调大置信度;如果说模型识别效果特别差,那么为了防止识别不到这个特定物体,我们需要调小置信度,直到识别效果达到我们所需的程度,如图 3-6-1 所示。

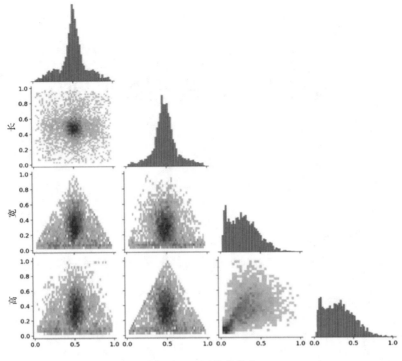

图 3-6-1　置信度分布

二、头盔识别

目前在工地安全中头盔的穿戴尤为重要。头盔是保护生命安全的重要工具,为了防止工人在关键场所不佩戴头盔或者取下头盔的情况,我们提出了头盔识别的实时检测。

本项目使用 YOLOV4 算法进行头盔识别,具体而言,使用 yolov4-pytorch 框架进行头盔识别的前期构建,对大量的佩戴头盔数据集进行处理,在不停地迭代训练后,最终训练出一个效果最好的头盔模型,对佩戴头盔行为进行实时识别,识别过程中可以调整置信度,使视频识别效果更好,如图 3-6-2 所示。

图 3-6-2　头盔识别

任务实施

任务一　头盔识别

任务流程如图 3-6-3 所示。

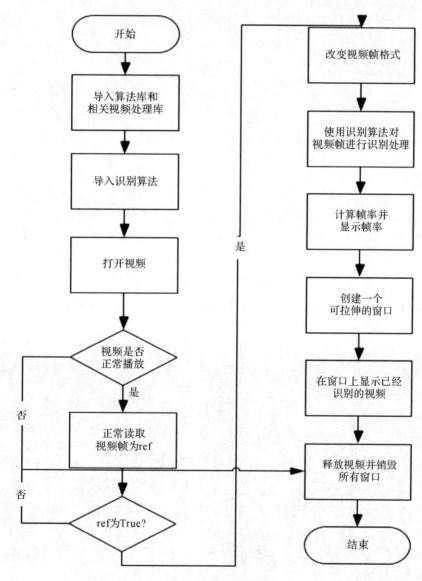

图 3-6-3　头盔识别任务流程

1.打开路径 D:\智能分析课程\项目\3.智能分析实验篇\6.深度头盔识别(具体请使用自己存放的实验项目路径),找到"hat"文件,如图 3-6-4 所示。

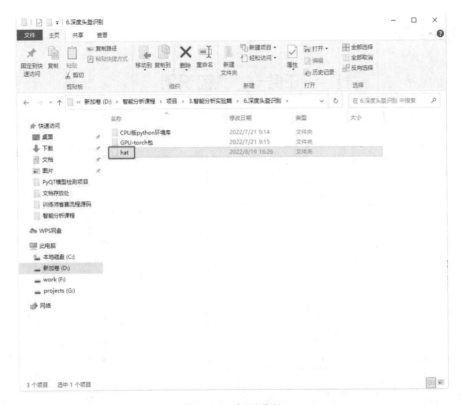

图 3-6-4　打开路径

2. 打开 PyCharm 软件,依次点击"File"和"Open..."，打开上述路径,选择"hat"文件后点击"OK"，如图 3-6-5 所示。

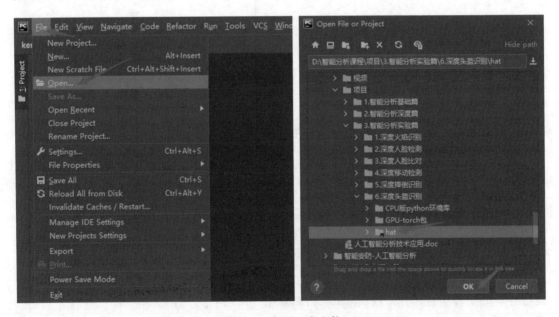

图 3-6-5　打开已有文件

3. 出现如下提示。这里我们选择"This Window",如图 3-6-6 所示。

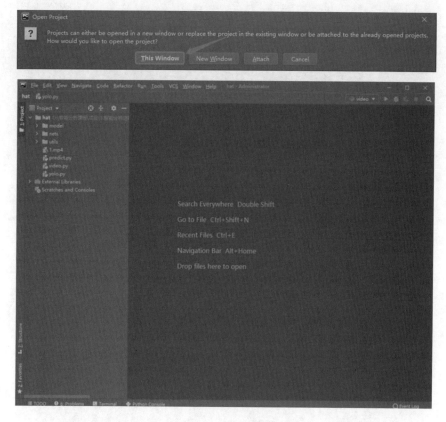

图 3-6-6　窗口选择

4. 在这里查看实际运行的 CUDA 环境,CUDA 10.0 版本已在前面环境安装时安装过。要求必须使用 NVIDIA 显卡。这里还需要使用 cmd 命令(nvcc -V)检测是否存在 CUDA 并查看其版本。图 3-6-7 说明 CUDA 存在且版本号为 10.0。

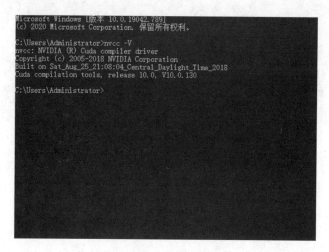

图 3-6-7　检查运行环境与版本

5. 在"hat"文件夹中依次点击"File"和"Settings"(图 3-6-8),再点击"Project:hat"下的"Python Interpreter",然后找到"Python 3.6"(该虚拟环境是在"人脸识别"项目中创建好的),最后点击"OK"(图 3-6-9)。

图 3-6-8 项目设置

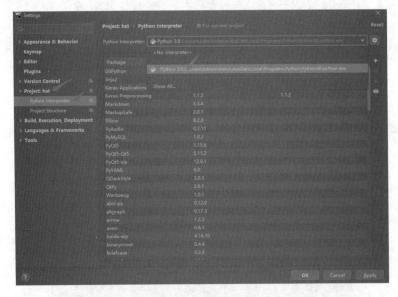

图 3-6-9 版本选择

6. 在 PyCharm 软件中点击"Terminal",打开路径 D:\智能分析课程\项目\3.智能分析实验篇\6.深度头盔识别\GPU 环境库(具体请使用自己存放的实验项目路径),如图 3-6-10所示;然后在"Terminal"中输入命令,如图 3-6-11 所示。

命令如下:

cd D:\智能分析课程\项目\3.智能分析实验篇\6.深度头盔识别\GPU 环境库

pip install-r requirements.txt

图 3-6-10　打开路径

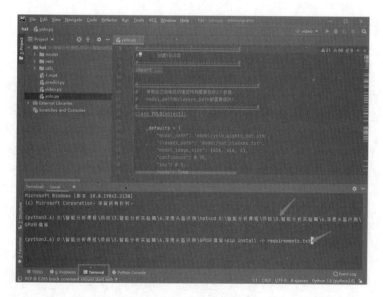

图 3-6-11　安装环境

如果是低配版计算机，无显卡，则加载 CPU 环境的 Python 库，使用以下步骤：

在 PyCharm 软件中点击"Terminal"，打开路径 D:\智能分析课程\项目\3.智能分析实验篇\6.深度头盔识别\CPU 版 python 环境库（具体请使用自己存放的实验项目路径），如图 3-6-12 所示；然后在"Terminal"中输入命令，如图 3-6-13 所示。

命令如下：

cd D:\智能分析课程\项目\3.智能分析实验篇\6.深度头盔识别\CPU版python环境库

pip install-r requirements.txt

图 3-6-12　打开路径

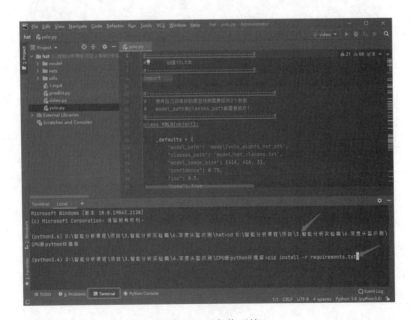

图 3-6-13　安装环境

7.准备创建一个"video.py"文件。右键点击"hat"文件夹,然后选择"New",点击"Python File"(图 3-6-14),填写"video.py"(图 3-6-15),按回车键,创建完成(图 3-6-16)。

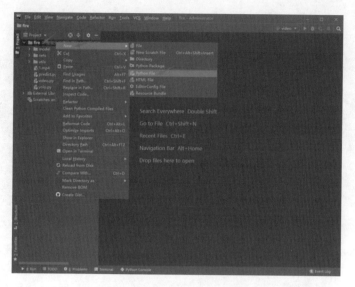

图 3-6-14　创建 Python 文件

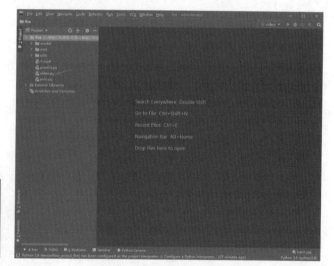

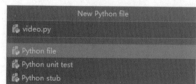

图 3-6-15　命名 Python 文件　　　　　　图 3-6-16　创建完成

8.接着在"video.py"文件内编写代码,导入五个 Python 库,如图 3-6-17 所示。

代码如下:

```
from yolo import YOLO
from PIL import Image
import numpy as np
import cv2
import time
```

9.定义 main()函数,其作用是调用头盔识别算法,读取视频,使用算法处理视频,并展现出来,如图 3-6-18 所示。

代码如下:

```
def main():
```

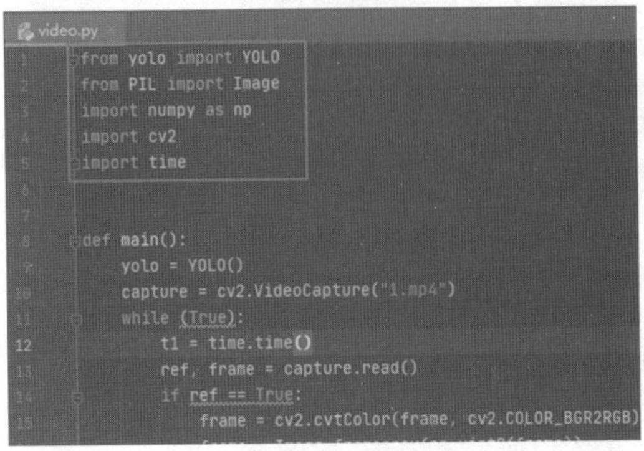

图 3-6-17　导入库文件

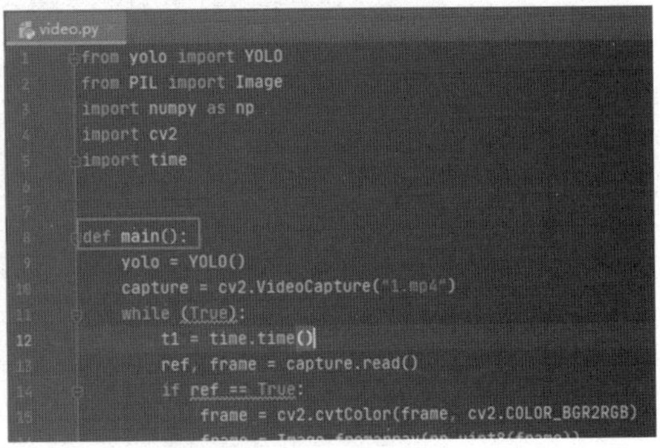

图 3-6-18　定义函数

10.调用头盔识别算法,如图 3-6-19 所示。

代码如下:

```
yolo = YOLO()
```

11.读取视频流。注意:如果想要使用网络视频流,需要使用实训中的海康摄像头设备,同时需要将 cv2. VideoCapture("1. mp4")中的本地路径换成 rtsp://admin:【摄像头密码】@【摄像头 ip】/Streaming/Channels/2。本次实训中使用本地视频流路径 cv2. VideoCapture("1. mp4"),如图 3-6-20 所示。

代码如下:

```
capture = cv2.VideoCapture("1.mp4")
```

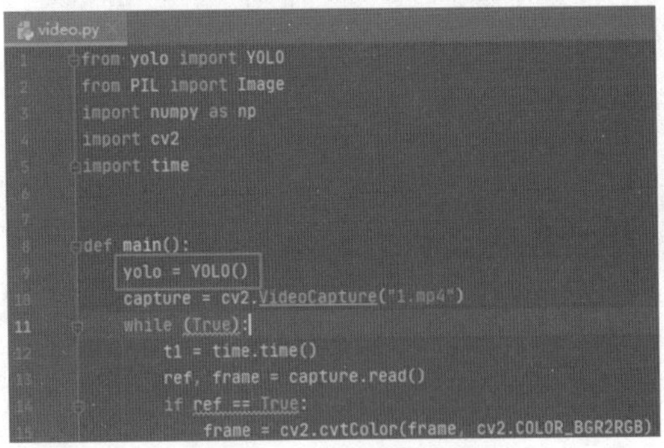

图 3-6-19　调用算法

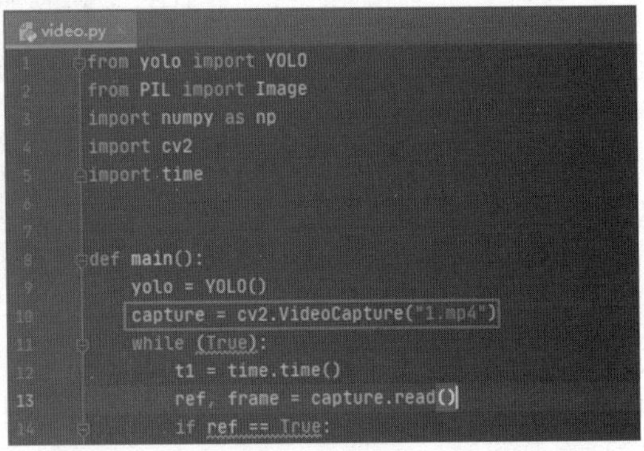

图 3-6-20　读取视频流

12.定义一个 while 循环,以便处理视频流,如图 3-6-21 所示。

代码如下:

```
while (True):
```

13. 将当前的时间点放入变量中，同时读取视频帧，如图 3-6-22 所示。

代码如下：

```
t1 = time.time()
ref,frame = capture.read()
```

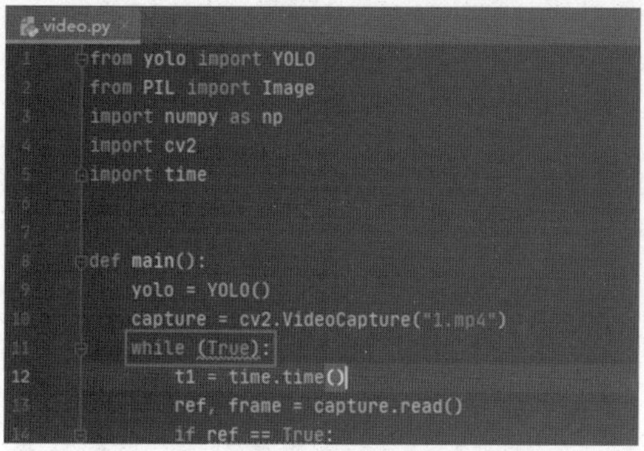

图 3-6-21 while 循环

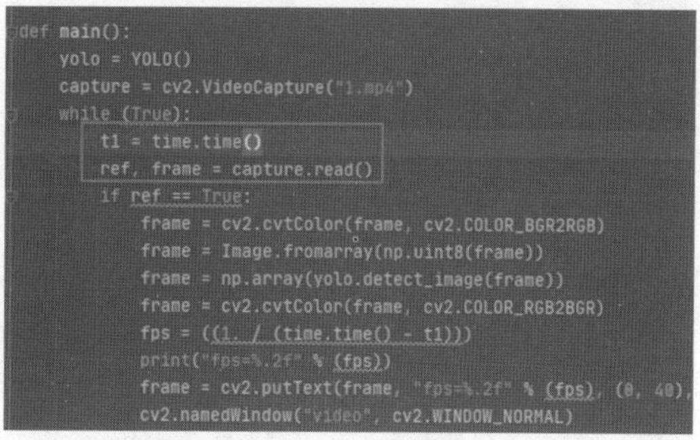

图 3-6-22 读取视频帧

14. 做一个判断，当有视频帧时，执行以下算法识别程序，如图 3-6-23 所示。

代码如下：

```
if ref == True：
```

15. 转换视频帧的格式，同时执行算法识别程序，如图 3-6-24 所示。

代码如下：

```
frame = cv2.cvtColor(frame,cv2.COLOR_BGR2RGB)
frame = Image.fromarray(np.uint8(frame))
frame = np.array(yolo.detect_image(frame))
frame = cv2.cvtColor(frame,cv2.COLOR_RGB2BGR)
```

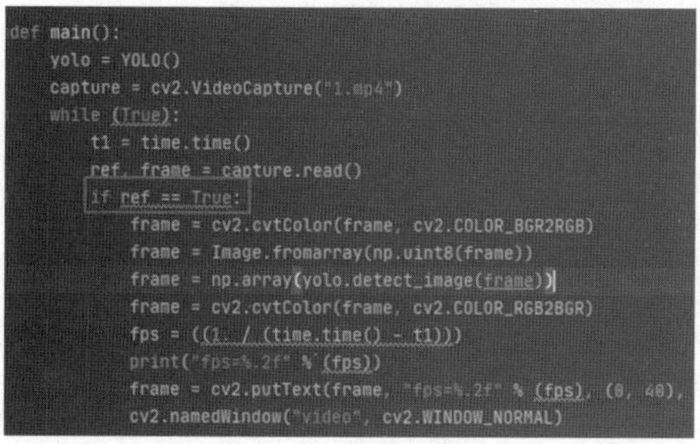

图 3-6-23 算法识别程序

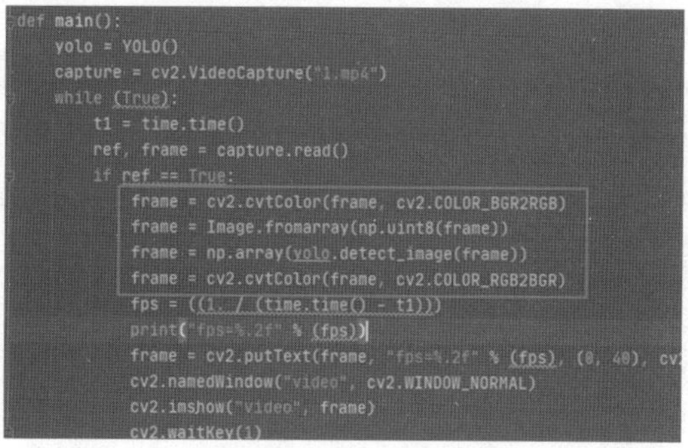

图 3-6-24 转换视频帧格式

16. 根据时间差，计算出帧率，如图 3-6-25 所示。

代码如下：

```
fps = ((1./ (time.time() - t1)))
print("fps = %.2f" % (fps))
```

17.使用 putText()函数将帧率和识别到的物体名写入每一帧的视频中,如图 3-6-26
所示。

代码如下:

```
frame = cv2.putText(frame,"fps = %.2f" % (fps),(0,40),
                    cv2.FONT_HERSHEY_SIMPLEX,1,(255,255,255),2)
```

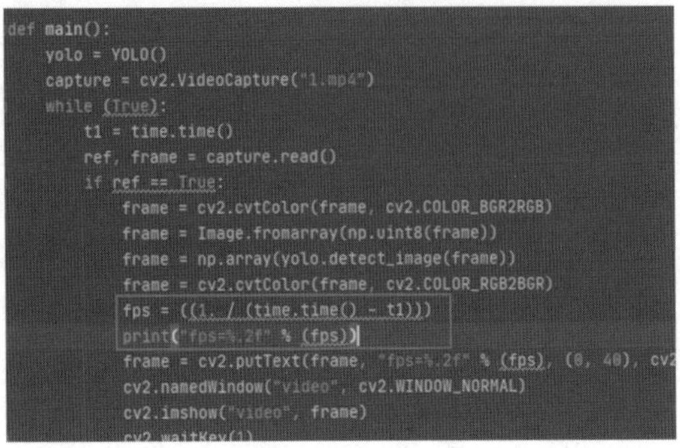

图 3-6-25　计算帧率

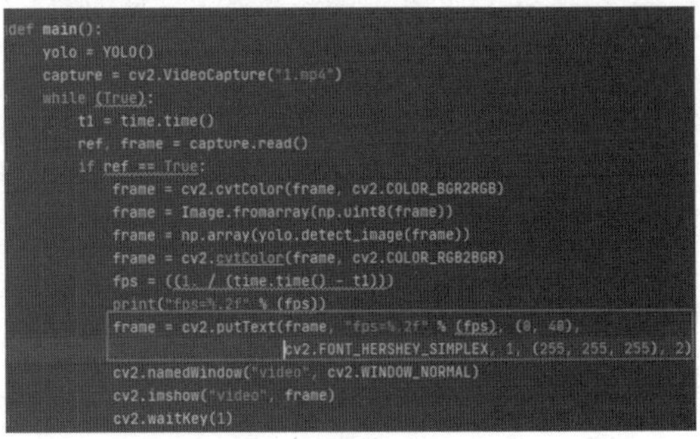

图 3-6-26　写入每一帧

18.创建一个可拉伸的窗口,同时在窗口中显示处理好的整个视频流,如图 3-6-27所示。

代码如下:

```
cv2.namedWindow("video",cv2.WINDOW_NORMAL)
cv2.imshow("video",frame)
cv2.waitKey(1)
```

19.如果视频帧中断或者视频放完,则中断循环程序,如图 3-6-28 所示。

代码如下:

```
else:
    break
```

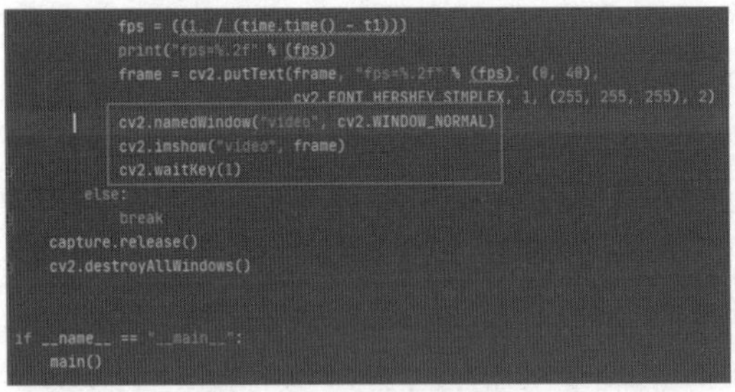

图 3-6-27　可拉伸的窗口

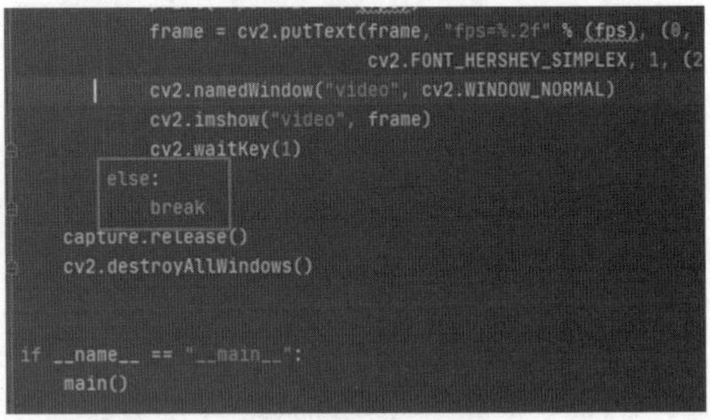

图 3-6-28　跳出循环

20.视频处理完成后,释放视频并销毁所有窗口,如图 3-6-29 所示。

代码如下:

```
capture.release()
cv2.destroyAllWindows()
```

21.写一个程序入口,同时执行 main()函数,如图 3-6-30 所示。

代码如下:

```
if __name__ == "__main__":
    main()
```

图 3-6-29 释放视频并销毁窗口   图 3-6-30 执行 main()函数

22.找到"yolo.py"文件,如图 3-6-31 所示。

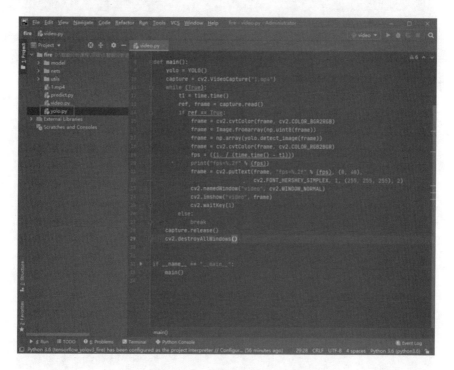

图 3-6-31 找到"yolo.py"文件

23.打开"yolo.py"文件,修改第 26—27 行,修改模型路径和标签路径,如图 3-6-32 所示。

```
"model_path":'model/yolo_wights_hat.pth',
"classes_path":'model/hat_classes.txt',
```

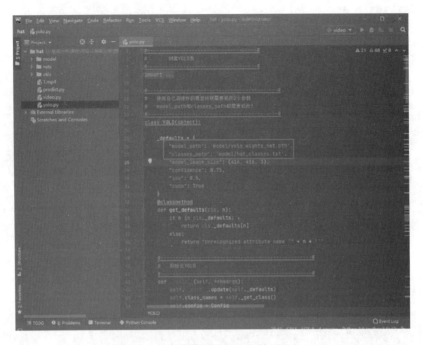

图 3-6-32　模型路径和标签路径

24. 右键点击"video. py"并运行,如图 3-6-33 所示。

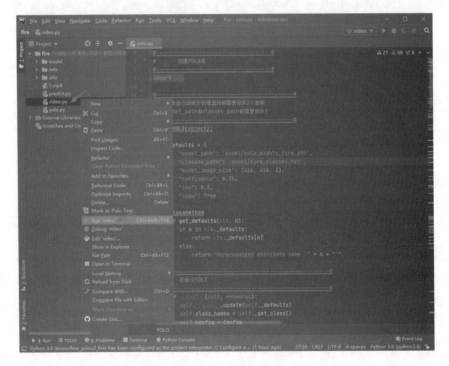

图 3-6-33　运行程序

如果加载的是 CPU 环境的 Python 库，则需要注释"yolo. py"里 CUDA 加速识别的代码。先注释"yolo. py"的第 71—74 行，如图 3-6-34 所示；再注释"yolo. py"的第 107—108 行，如图 3-6-35 所示；最后运行"video. py"文件。

图 3-6-34　第 71—74 行　　　　　　　　　图 3-6-35　第 107—108 行

25. 运行成功后，窗口如图 3-6-36 所示。

图 3-6-36　窗口展示

项目小结

通过本项目的学习，可以了解置信度和头盔识别步骤，了解如何对视频内的佩戴头盔区域做准确的标框处理，能够熟练地配置头盔识别环境，熟练地使用预训练头盔识别模型和头盔识别框架进行视频识别，最终对头盔识别形成全面的认识。

附录 PyCharm 软件快捷方式

一、代码编辑快捷键

1. CTRL＋ALT＋SPACE   快速导入任意类
2. CTRL＋SHIFT＋ENTER   代码补全
3. SHIFT＋F1   查看外部文档
4. CTRL＋Q   快速查找文档
5. CTRL＋P   参数信息（在方法中调用的参数）
6. CTRL＋MOUSE OVER CODE   基本信息
7. CTRL＋F1   显示错误或警告的描述
8. CTRL＋INSERT   生成代码
9. CTRL＋O   重载方法
10. CTRL＋ALT＋T   包裹代码
11. CTRL＋/   单行注释
12. CTRL＋SHIFT＋/   块注释
13. CTRL＋W   逐步选择代码（块）
14. CTRL＋SHIFT＋W   逐步取消选择代码（块）
15. CTRL＋SHIFT＋[从当前位置选择到代码块的开始
16. CTRL＋SHIFT＋]   从当前位置选择到代码块的结束
17. ALT＋ENTER   代码快速修正
18. CTRL＋ALT＋L   代码格式标准化
19. CTRL＋ALT＋O   最佳化导入
20. CTRL＋ALT＋I   自动缩进
21. TAB   代码向后缩进
22. SHIFT＋TAB   代码向前取消缩进
23. CTRL＋SHIFT＋V   历史复制粘贴表
24. CTRL＋D   复制当前代码行/块
25. CTRL＋Y   删除当前代码行/块
26. CTRL＋SHIFT＋J   代码连接为一行
27. SHIFT＋ENTER   开启新一行

28. CTRL+SHIFT+U   字母大写

29. CTRL+DELETE   向后逐渐删除

30. CTRL+BACKSPACE   向前逐渐删除

31. CTRL+NUMPAD+/−   代码块展开/折叠

32. CTRL+SHIFT+NUMPAD+   所有代码块展开叠

33. CTRL+SHIFT+NUMPAD−   所有代码块折叠

34. CTRL+F4   关闭活动编辑窗口

二、搜索/替换快捷键

1. CTRL+F   查找

2. F3   查找下一个

3. SHIFT+F3   查找上一个

4. CTRL+R   替换

5. CTRL+SHIFT+F   指定路径下查找

6. CTRL+SHIFT+R   指定路径下替换

三、代码运行快捷键

1. ALT+SHIFT+F10   选择程序文件并运行代码

2. ALT+SHIFT+F9   选择程序文件并调试代码

3. SHIFT+F10   运行代码

4. SHIFT+F9   调试代码

5. CTRL+SHIFT+F10   运行当前编辑区的程序文件

四、代码调试快捷键

1. F8   单步

2. F7   单步(无函数时同 F8)

3. SHIFT+F8   单步跳出

4. ALT+F9   运行到光标所在位置处

5. ALT+F8   测试语句

6. F9   重新运行程序

7. CTRL+F8   切换断点

8. CTRL+F8   查看断点

五、应用搜索快捷键

1. ALT+F7   查找应用

2. CTRL+F7   在文件中查找应用

3. CTRL+SHIFT+F7   在文件中高亮应用

4. CTRL＋ALT＋F7　　　　　　　　　　显示应用

六、代码重构快捷键

1. F5　　　　　　　　　　　　　　　　复制文件
2. F6　　　　　　　　　　　　　　　　移动文件
3. SHIFT＋F6　　　　　　　　　　　　重命名
4. ALT＋DELETE　　　　　　　　　　　安全删除
5. CTRL＋F6　　　　　　　　　　　　　改变函数形式参数
6. CTRL＋ALT＋M　　　　　　　　　　将代码提取为函数
7. CTRL＋ALT＋V　　　　　　　　　　将代码提取为变量
8. CTRL＋ALT＋C　　　　　　　　　　将代码提取为常数
9. CTRL＋ALT＋F　　　　　　　　　　将代码提取为字段
10. CTRL＋ALT＋P　　　　　　　　　　将代码提取为参数

七、动态模块快捷键

1. CTRL＋ALT＋J　　　　　　　　　　使用动态模板包裹
2. CTRL＋J　　　　　　　　　　　　　插入动态模板

八、导航快捷键

1. CTRL＋N　　　　　　　　　　　　　进入类
2. CTRL＋SHIFT＋N　　　　　　　　　进入文件
3. CTRL＋ALT＋SHIFT＋N　　　　　　进入符号
4. CTRL＋←←　　　　　　　　　　　进入上一个编辑位置
5. CTRL＋→→　　　　　　　　　　　进入下一个编辑位置
6. SHIFT＋ESC　　　　　　　　　　　隐藏活动/最后活动的窗口
7. CTRL＋SHIFT＋F4　　　　　　　　关闭活动的运行/消息/查找等窗口
8. CTRL＋G　　　　　　　　　　　　　显示光标所在行与列
9. CTRL＋E　　　　　　　　　　　　　弹出最近打开的文件
10. CTRL＋ALT＋←/→　　　　　　　　向前/向后导航
11. CTRL＋SHIFT＋BACKSPACE　　　　导航到最后编辑的位置
12. CTRL＋B　　　　　　　　　　　　跳转到声明部分
13. CTRL＋CLICK　　　　　　　　　　（鼠标左键）跳转到声明部分
14. CTRL＋ALT＋B　　　　　　　　　跳转到代码实施部分
15. CTRL＋SHIFT＋I　　　　　　　　打开快速定义查找
16. CTRL＋SHIFT＋B　　　　　　　　跳转到类型说明
17. CTRL＋U　　　　　　　　　　　　跳转超类/方法
18. CTRL＋↑↑　　　　　　　　　　　跳转到上一个方法
19. CTRL＋↓↓　　　　　　　　　　　跳转到下一个方法

20. CTRL+[跳转到代码块的开头

21. CTRL+]   跳转到代码块的结尾

22. CTRL+F12   弹出文件结构

23. CTRL+H   弹出类层次结构

24. CTRL+SHIFT+H   弹出方法层次结构

25. CTRL+ALT+H   弹出调用层次结构

26. F2 / SHIFT+F2   下一个/上一个错误

27. F4   查看源代码

28. ALT+HOME   显示导航栏

29. F11   增加书签

30. CTRL+F11   增加数字/字母书签

31. CTRL+SHIFT+[1-9]   增加数字书签

32. SHIFT+F11   显示书签

九、通用快捷键

1. ALT+[0-9]   打开相应的工具窗口

2. CTRL+ALT+Y   同步

3. CTRL+SHIFT+F12   最大化编辑器

4. ALT+SHIFT+F   添加到收藏夹

5. ALT+SHIFT+I   使用当前配置文件检查当前文件

6. CTRL+ALT+S   快速出现设置对话框

7. CTRL+SHIFT+A   查找并调试编辑器的功能

8. ALT+TAB   在选项卡和工具窗口之间切换